本著作获西安财经大学学术著作出版资助

经济管理学术文库·经济类

# 生态补偿转移支付激励机制研究
## ——以国家重点生态功能区转移支付为例

Study on Incentive Mechanism of Ecological Compensation Transfer Payment
—An Example of Transfer Payment to National Key
Ecological Function Zone

张文彬／著

U0226331

经济管理出版社
ECONOMY & MANAGEMENT PUBLISHING HOUSE

**图书在版编目（CIP）数据**

生态补偿转移支付激励机制研究：以国家重点生态功能区转移支付为例/张文彬著. —北京：经济管理出版社，2022.4

ISBN 978 - 7 - 5096 - 8402 - 3

Ⅰ.①生…　Ⅱ.①张…　Ⅲ.①生态环境—补偿机制—研究—中国　Ⅳ.①X321.2

中国版本图书馆 CIP 数据核字（2020）第 067274 号

组稿编辑：付姝怡
责任编辑：王　洋
责任印制：黄章平
责任校对：张晓燕

出版发行：经济管理出版社
　　　　　（北京市海淀区北蜂窝 8 号中雅大厦 A 座 11 层　100038）
网　　址：www. E - mp. com. cn
电　　话：（010）51915602
印　　刷：唐山玺诚印务有限公司
经　　销：新华书店
开　　本：720mm×1000mm/16
印　　张：12.75
字　　数：222 千字
版　　次：2022 年 5 月第 1 版　　2022 年 5 月第 1 次印刷
书　　号：ISBN 978 - 7 - 5096 - 8402 - 3
定　　价：68.00 元

# 前　言

　　2007 年诺贝尔经济学奖颁给了三位为机制设计奠定理论基础并做出卓越贡献的经济学家；2016 年诺贝尔经济学奖颁给了哈特和霍姆斯特姆，以表彰二者在契约理论方面做出的卓越贡献；2020 年诺贝尔经济学奖颁给了米尔格罗姆和威尔逊，以表彰他们对拍卖理论的改进和新型拍卖形式的发明。诺贝尔经济学奖不断颁给专注于契约和机制设计研究的经济学家，彰显了机制设计理论在经济学理论发展史上的重要地位，该理论也为生态资源的公共物品或准公共物品领域的生态保护和生态补偿机制设计提供了理论指导。已有研究对生态保护和生态补偿机制设计异于经济领域更复杂的信息不对称和主体行为选择问题以及典型国家环境保护中生态补偿激励机制的主体信息结构和行为策略进行了较多探讨，但研究案例和对象主要集中在市场机制和产权制度相对成熟的国家，研究成果是对单一代理人的激励机制设计。我国的生态环境保护和生态补偿以《国家主体功能区规划》为指导，空间上划分出国家重点生态功能区作为生态环境保护的重点范围并对其进行旨在生态补偿的中央财政转移支付。该制度自 2009 年实施以来，存在中央财政转移支付的生态补偿激励效率不显著的问题，其本质上的原因：一方面是我国生态补偿纵向转移支付忽视和弱化了对国家重点生态功能区当地居民生态保护的激励，仅考虑对国家重点生态功能区县级政府或县域财力的补偿；另一方面对国家重点生态功能区县级政府的激励忽视了各县具体经济环境的异质性，同时激励契约的设计也忽视了多样性与动态性的要求。

　　本书按照经济机制设计理论的理念，运用激励机制设计理论的方法，以我国国家重点生态功能区转移支付和存在的效率问题为研究案例，从国家重点生态功能区县级政府和居民的双重维度来探讨我国国家重点生态功能区转移支付契约设计的激励机制问题，主要研究工作及创新性成果体现在以下三个方面：

　　第一，构建了国家重点生态功能区当地政府和居民双重主体的生态补偿转移支付激励机制的理论分析框架。我国国家重点生态功能区生态补偿转移支付的特殊性决定中央政府对国家重点生态功能区的生态补偿转移支付必须既考虑对地方政府的激励又考虑对当地居民的激励。首先，通过扩展的委托—代理模型，构建了中央政府和县级政府之间的静态和动态激励契约，在静态条件下分析了完全信息和不对称信息两种状况的激励机制的差异，并考察了信息不对称状况对激励机制的影响，又在动态条件下分析了生态补偿的长效激励机制，并考察了县级政府在财政收入以及保护能力等方面的异质性对激励机制的影响。其次，运用羊群效应模型分析了生态补偿政策对当地居民保护意愿和行为的影响，考察了政府生态补偿政策对当地居民的激励机制。由此，建立了由县级政府和当地居民共同作为国家重点生态功能区生态环境保护责任主体的转移支付激励机制。

第二，实证研究了中央政府对国家重点生态功能区地方政府生态补偿转移支付的激励机制及效果。通过构建县级政府隐藏当地资源价值类别信息、隐藏生态环境保护努力以及二者都隐藏三种信息不对称条件下，以生态补偿成本最小化为目标的生态补偿转移支付契约，数值模拟三类信息不对称结构下不同价值类别资源比例、保护成本差异、保护努力达到既定目标的概率等因素对激励机制的影响，分析了静态条件下生态补偿转移支付激励机制的最优形式及影响因素，为中央政府在不同信息条件下的激励机制设计提供相应的选择依据。在此基础上，以2009～2018 年获得国家重点生态功能区转移支付的陕西省 33 个县为研究样本，回归分析了其生态转移支付数量和异质性因素包括县级政府财政水平、生态保护能力等对当地生态环境质量的影响，发现我国国家重点生态功能区生态补偿转移支付的"一刀切"政策是造成生态补偿转移支付激励机制低效的重要原因，应建立考虑县级政府财政收入水平、保护能力、生态环境差异等因素的激励机制。

第三，通过扩展计划行为理论和构建结构方程模型，以柞水和镇安两个国家重点生态功能区所在县的 614 份有效调研问卷数据为研究样本，研究了生态补偿政策对当地居民生态保护意愿和行为的激励效应，从居民的微观视角分析了国家重点生态功能区生态补偿转移支付的激励机制。结果表明，国家重点生态功能区当地居民的行为态度、主观规范和感知行为控制三个心理因素对当地居民生态保护意愿的直接影响系数为 0.342、0.184 和 0.305，通过生态保护意愿对生态保护行为的间接影响系数为 0.151、0.081 和 0.135；生态补偿政策对当地居民的生态保护意愿和生态保护行为的直接影响系数为 0.178 和 0.121，通过生态保护意愿对生态保护行为的间接影响系数为 0.078；当地居民的生态保护意愿对生态保护行为的直接影响系数为 0.441。因此，应从影响当地居民的心理变量并发挥生态补偿政策激励机制等方面提高当地居民生态保护意愿，增强当地居民生态保护行为。

# 目　录

# 第一章　绪论

## 一、选题背景与问题的提出

### （一）选题背景

#### 1. 现实背景

全球生态足迹网络（GFN）最新数据显示，1993 年的地球生态超载日为 10 月 22 日，2003 年提前到了 9 月 20 日，2013 年为 8 月 20 日，2017 年为 8 月 2 日，2019 年为 7 月 29 日，也就是说，到 7 月 29 日人类将用光 2019 年全年的水、土壤和空气等自然资源定量，剩余的 5 个月里人类社会将通过透支自然资源来运行，而 7 月 29 日是 20 世纪 70 年代进入生态超载模式以来最早的地球生态超载日。按照目前的消耗速度，1.75 颗地球所产生的自然资源才能满足人类的需求，预计到 2030 年至少需要 2 颗地球。超越承载力极限的自然环境和生态系统开始持续恶化，最近 50 年内，全球生态系统服务的 60% 左右已经退化。1900 ~ 1999 年，全球 50% 的湿地、40% 的森林和 35% 的红树林消失了（Barbier 和 Markandya，2012）[1]。随着全球生态环境危机日益严重，生态问题逐渐受到人们的关注，世界各国陆续踏上了保护和改善生态环境的艰难而又漫长的历程。

为了应对日益严峻的生态环境压力，20 世纪 80 年代以来，美国、巴西、加拿大、欧盟等国家和地区开展了大量的生态环境保护和补偿活动，而建立生态补偿机制也成为世界各国为保护生态环境达成的共识。国外的生态补偿是以生态系统的服务功能为基础，通过经济或行政手段协调生态系统服务提供方和受益方利益关系的机制，常见的生态补偿方式主要有公共支付方式（本书称为生态补偿转移支付方式）、市场贸易方式、私人交易方式和生态标记方式四种[2]。公共支付方式即政府出资购买生态环境服务，供给全社会成员享用，这是国外生态环境保护的重要方式之一，这种方式又可以细分为两种方式：一是政府直接投资，即政府代表受益方付费，如美国的保护性储备计划、巴西的生态税计划、澳大利亚的水分蒸发蒸腾计划、德国的易北河流域生态补偿计划、墨西哥的森林生态系统服务补偿计划、哥斯达黎加的 FONAFIFO 项目和森林碳汇项目以及南非保护流域水环境的 WFW 计划等；二是建立专项基金，如法国国家森林基金、哥斯达黎加的国家林业补偿基金、日本的水源涵养林建设基金、厄瓜多尔首都基多的流域水土保持基金以及中东欧国家的环境基金等。生态转移支付的实施对这些国家的生态环境改善和生态系统服务的增值发挥了重要的作用，是遏制生态恶化和环境污染的重要措施。

中国的生态环境恶化与保护问题更是成为世界各国和社会各界关注的重点和焦点问题。根据美国耶鲁大学和哥伦比亚大学联合发布的 2018 年全球环境绩效指数（Environmental Performance Index，EPI）排名，在全球 180 个国家和地区中，中国排名仅高于印度、孟加拉、尼泊尔 3 个国家，排在倒数第 4 位。资源消耗过度、生物多样性锐减、生态环境严重破坏等问题日益突出，西方发达国家近两个世纪工业化过程中出现的各类生态环境问题在中国以"时空压缩"的形式集中出现。

在巨大的环境压力下，政府环境保护部门和越来越多的学者开始意识到经济增长和环境保护之间需要有所权衡（trade - off）（陆旸，2011）[3]。党和国家政府适时提出与生态环境保护相关的一系列战略部署。政府方面，1982 年中国政府将"环境保护"作为基本国策列入《宪法》，1989 年出台了首部《环境保护法》。在 1992 年联合国环境与发展大会召开后，成为首批签署纲领性文件《21世纪议程》的国家之一，2003 年中国政府提出"科学发展观"，强调经济发展要以人为本，追求全面协调的可持续发展；2011 年中国"十二五"规划纲要将"绿色发展思想"确定为经济发展的主题思想之一。2016 年中国"十三五"规划纲要将绿色发展、生态文明建设同时列为规划期间的重点内容。党的政策方针方面，2012 年党的十八大提出大力推进生态文明建设，并将其纳入"五位一体"的全面布局中，要把资源消耗、环境损害、生态效益纳入经济社会发展评价体系，建立体现生态文明要求的目标体系、考核办法、奖惩机制。2015 年中共中央、国务院印发《关于加快推进生态文明建设的意见》，通篇贯穿"绿水青山就是金山银山"的绿色发展理念；随后出台了《生态文明体制改革总体方案》，提出了生态文明先行示范区建设；并在党的十八届五中全会上将"绿色发展"列入五大发展理念。2017 年党的十九大报告提出"建设美丽中国"的伟大构想，进一步要求"建立市场化、多元化生态补偿机制……完善主体功能区配套政策，建立以国家公园为主体的自然保护地体系"。2018 年 5 月全国生态环境保护大会召开，提出生态文明建设新形势新任务，必须加强生态保护、打好污染防治攻坚战。

2019 年中共中央、国务院印发了《关于统筹推进自然资源资产产权制度改革的指导意见》（以下简称《指导意见》），提出建立"归属清晰、权责明确、保护严格、流转顺畅、监管有效"的自然资源资产产权制度。着眼于国家自然资源资产产权制度建立、"十四五"及其以后时期自然资源资产产权改革的重点领域与方向。《指导意见》提出：要建立国务院自然资源主管部门行使全民所有自然资源资产所有权的资源清单和管理体制；探索建立委托省级和市（地）级政府代理行使自然资源资产所有权的资源清单和监督管理制度。其中一个重点内容就是公益性自然资源资产产权制度改革和权能实现问题，即中央政府主管部门对公益性自然资源资产直接行使所有权，委托地方政府代为管理和保护的问题。该问题涉及中央政府（包括各部门）和地方政府（国家重点生态功能区主要是指县级政府）之间的成本和收益分配，如何按照外部性内部化的效率与公平兼容准则解决上下级之间的"委托—代理"问题和因代理问题引发的更加复杂的激励约束机制设计问题，以充分实现自然资源资产价值，实现生态环境保护和永续利用，成为自然资源资产产权制度改革的重中之重。

从上述政策梳理可以看出，作为我国生态环境保护的重要手段和措施，生态补偿经历了生态补偿制度呼吁与尝试、生态纵向补偿机制构建、多元生态补偿制度创新等阶段，并越来越成为生态环境保护的核心（王思博等，2021）[4]。学术研究方面研究演化与实践演化一致，在 20 世纪 90 年代前期的文献中，生态补偿通常是生态环境加害者付出赔偿的代名词，可以称之为惩罚型生态补偿；但 20世纪 90 年代以来，生态补偿则更多是指对生态环境保护者、建设者的一种利益驱动和激励机制。我国的生态环境保护政策特别是生态补偿政策取得了一定的成效，以生态补偿重点领域——森林资源变动为例，根据世界银行数据库的相关数据，1990～2015 年，世界森林覆盖率由约 31.8% 下降至约 30.8%，而同一时期我国大力开展与森林有关的生态补偿，出现了大量的修复植被和新增植被，森林覆盖率由约 16.7% 上升至约 22.9%，这从一个侧面反映出我国生态补偿的效果（李国平、刘生胜，2018）[5]。在肯定我国生态补偿成效的同时，也要看到生态补偿的体制机制还存在一些亟待解决的问题。比如，到目前为止还没有形成一个统一的政策架构，我国激励型生态补偿机制建设严重不足、自然保护区的生态补偿大多具有工程性质而缺乏可持续性、补偿水平与经济社会发展不相适应、政府主体的转移支付模式激励机制不健全、激励效果有待提高等。

国家重点生态功能区的提出和确立是我国生态文明建设的重要体现和组成部分。国务院在《全国生态环境保护纲要（2000）》中首次提出建立生态功能区这一新思路。随后，2008 年国家环境保护部开始实施《全国生态功能区划》，最终国务院于 2010 年出台了《全国主体功能区规划》，进一步明确生态产品提供和生产能力的提高是我国国土空间开发和利用的重要任务。现阶段国家重点生态功能区生态环境保护和补偿的深层次矛盾表现在生态资源保护成本和收益的区域错配，保护生态环境的成本都是由国家重点生态功能区当地政府和居民承担，且当地政府因服从生态保护和建设的禁限目标，其大规模的城镇化和工业化受到限制，机会成本损失同样巨大；而由于生态环境正的溢出效应，其他地区的居民也无偿享有了生态环境效益，即生态环境保护效益产出由全民享有。因此，为实现国家重点生态功能区生态环境的永久保护，中央政府或者其他受益地区应对国家重点生态功能区当地政府和居民的保护成本与发展机会成本损失进行补偿。

财政部分别于 2009 年、2011 年以及之后的每一年都会发布、改进《国家重点生态功能区转移支付办法》（以下简称《办法》），从国家角度规定了对重点生态功能区所在区域进行补助的办法，以激励县级政府加大生态环境保护投入。资金投入的不断增加尽管遏制住了生态环境质量继续变坏，但其变化并不显著。究其原因，除生态环境保护与建设周期长、见效慢的客观因素外，国家重点生态功能区转移支付对当地政府和居民的激励机制缺乏也是重要的主观原因。

随着人们生态意识和环保意识的提高，对生态环境的保护和支付意愿也逐渐增强，但是想要使生态补偿成为一种自发的主动行为并将其制度化仍存在一定的难度[5]，因此，政府转移支付也就成为世界各国生态保护和生态系统服务付费的主要模式，发展中国家更是如此。我国的政府补偿（生态转移支付）更是生态补偿的主要形式，在补偿途径及融资渠道方面表现为以纵向转移支付为主，这种纵向转移支付是相对较为容易实施的补偿方式，但这种方式的明显缺陷就是不利于调动生态保护者的积极性，因为自上而下确定补偿标准的时候一方面容易造成"一刀切"，导致一些地区"补偿不足"而一些地区"补偿过渡"，如在西部的一些重点生态功能区，如果按照这样的补偿方式补偿就存在严重的补偿不足（李长亮，2009）[6]；另一方面的问题是容易忽视生态保护的微观主体——当地居民的利益和参与积极性，这会使生态保护微观主体产生抵触和敌对情绪，而不是以更积极的姿态继续投入到生态环境保护和建设中。

2. 理论背景

生态转移支付的激励机制主要涉及生态转移支付理论和激励机制理论两方面。下面对这两方面的研究脉络进行介绍。

（1）生态转移支付相关理论。

转移支付是财政学理论的重要组成部分，而对生态转移支付的研究也是由来已久，但是古典经济学家将主要精力都放在了国民财富性质与原因的研究上，因此对生态保护和建设的研究也放在了"富国裕民"的理想中，主要在地租、人口的框架中进行了探讨，在"自发秩序"的完美信条中，一个廉价政府的财政，对于土地的退化以及人口的过度增长等问题更多是一种"无为而治"的态度。直到 20 世纪初，随着能源问题的严重，以及边际革命之后经济学对于稀缺资源的关注，以马歇尔、庇古等为代表的财政学家，才在对于福利的研究中逐渐引入了环境税收以及补贴的思想，使生态破坏以及重建作为一个重要的问题进入到了财政学的视野中。

庇古以外部性理论解释了自发秩序在资源环境破坏方面的无能为力，这与"一战"后兴起的资源保护运动相对应。庇古的外部性理论在 20 世纪 60 年代兴起的公共财政学中成为环境治理的法则，庇古的环境税以及补贴政策在各国环境保护中起到了积极作用，而环境质量的恶化使得环境治理成为公共投入以及政府直接介入的重要领域。庇古的外部性理论代表的市场失灵解，对于 20 世纪初以来的环境破坏有一定的解释力，对于财政补贴引入生态环境保护领域也具有积极意义。但是，外部性仅仅回答了市场机制的失效，但并未说明政府的介入就必然是有效的。在环境治理实践中，政府介入之后的低效、无效乃至逆效应同样引起了广泛关注，60 年代公共部门经济学的兴起，对于政府行为的效率以及政策效果进行了深入的分析。科斯的社会成本理论回应了基于外部性的政府干预，提出了产权思路，对于庇古等人的理论疑虑给出了一种解释，科斯认为，无论是政府作为第三方的税收与补贴主体介入，还是基于外部性的双方谈判，一个关键的因素是能否减少交易费用。科斯的理论回应了各国资源环境管理中政府行为的低效问题，在实践中产生了环境治理的产权思路——通过拍卖资源所有权，以及双重征税的政策主张。

随着生态环境问题的日益严重以及理论研究的深入，20世纪80年代以来，生态环境保护的重要理论和手段——生态系统服务付费（Payment for Ecosystem Services，PES）或者生态效益付费（Payment for Ecological Benefit，PEB）开始兴起，其内涵和理论基础从科斯定理延伸到庇古理论，而后又演变为超越科斯定理和庇古理论的、以经济激励为核心内容的制度安排（Muradian 等，2010；Tacconi，2012；Kroeger，2012）[7]-[9]。PES成为生态环境保护与治理领域的研究重点，其作为一种新的政策工具正在成为国际上流行的生态环境保护方法（Engel 等，2008）[10]。对PES概念的经典界定是Wunder（2005）的定义，他认为PES就是当且仅当生态系统服务供给者可靠地提供生态系统服务时（条件性），一种界定清晰的生态系统服务（或可能提供该服务的一种土地用途），被买家（最少一个）从供给者那儿买走，而形成的一个自愿交易[11]。Wunder的定义是一种纯市场型PES，并未涉及政府。Engel 等（2008）[10]追随Wunder的定义，放宽PES定义的严格限制性，把PES分为使用者付费和政府付费两种类型，并指出政府付费的PES可被视作与使用者付费相结合的环境补贴，政府被认为是生态系统服务买家的第三方，实质上政府作为买家的PES就是政府提供转移支付促进生态保护。

PES为生态环境保护领域引入了新的资源和激励，比传统的命令——控制措施更有效率（Zhang 和 Lin，2010）[12]。国外关于生态补偿转移支付研究集中在对巴西、德国以及葡萄牙等国的生态税或生态转移支付的制度分析以及效果检验方面。

（2）激励机制相关理论。

现阶段对激励理论的研究取得了大量的成果，但是在早期很长一段时间内，激励理论都未走入主流经济学范围，其基本思想仅散见于经典的经济学著作中，如亚当·斯密的《国富论》中就对劳动分工与交易引起的激励问题进行了讨论；Berle 和 Means 提出了现代公司所有权与经营权分离的观点，也即企业的董事们将"行使企业业务与资产支配权利"转移到管理者手中，尽管他们没有使用"代理"这一专业术语，但他们当时已经意识到"代理"理论，也即董事与管理者利益存在分歧，管理者的利益可以同所有者的利益相背离[13]。

科斯提出了"交易费用"的概念，并将其引入到经济学分析中，从而使得对企业的研究备受经济学关注，当经济学家试图对企业的管理和生产进行系统深入研究时，激励问题就成为关注的中心问题，事实上，当企业所有者将若干不同性质的任务分配给具有不同目标的企业员工时，激励问题就会和企业内部的利益分配问题同时出现。Arrow（1963）[14]认为，企业所有者将不同专业的员工组织在一起进行合作生产，但本身又无法完全掌握员工能力程度时，就会产生信息不对称问题。在经济学家对企业合同和组织机构广泛讨论的基础上，交易成本理论、委托—代理理论和产权理论等逐渐形成并成为研究重点。

20 世纪 80 年代，契约理论开始引入到生态补偿激励机制的研究中，而现阶段对生态补偿方式研究最明显的趋势就是对信息问题的关注，采用激励机制即契约设计方式解决生态补偿的低效率问题已成为生态、资源、环境以及区域协调发展等诸多领域的研究热点。国外学者的研究也表明，合理的生态补偿激励契约设计和有效的生态保护激励方式是提高生态环境保护效率的最有效方法（Igoe 等，2010；To 等，2012）[15][16]。由于国内外政治体制及经济体制的差异，国外对生态补偿的研究更侧重于市场化的补偿模式，激励机制的研究集中在私人地主和农户之间生态补偿委托—代理问题的讨论上，涉及政府间的生态补偿契约研究较少。国内对生态补偿激励机制设计的研究还处在起步阶段，主要是运用委托—代理理论及其扩展形式对此进行讨论，这在为研究我国生态补偿激励机制提供基础和思路的同时也提供了进一步系统深入研究的空间。

### （二）问题的提出

#### 1. 我国生态补偿制度的特点

我国生态补偿制度起源于 1980 年国家水利部出台的"小流域综合治理"政策，该政策鼓励通过包户进行小流域的综合整治，实现生态环境维护和水土资源可持续利用的目的。1991 年颁布并实施的《中华人民共和国水土保持法》第 33 条规定通过税收、技术、资金等方面的减免、扶持，鼓励个人和单位积极参与水土流失治理活动，进一步强化了生态补偿制度在水土保持中的作用。以长江流域"98 洪灾"为界，生态补偿实践在我国进入全新阶段，1998 年在 17 个省份展开的天然林保护工程，1999 年开始的退耕还林（草）工程，1998 年《森林法》建立的中央财政森林生态效益补偿金制度，标志着以森林生态补偿为重心的、迄今为止世界最大的三个生态补偿项目在我国形成。

通过对我国的生态补偿制度的脉络梳理，可以发现其实施中存在两个特点：一是我国生态补偿的精神和理念散见于中央政府和地方政府制定的法律法规中，缺乏专项的生态补偿法，造成生态补偿机制建设缺乏最基础的法律保障。对于这个问题，最好的解决办法就是国家尽快出台《生态补偿条例》或《生态补偿法》等法律法规，为生态补偿制度建设提供基本保障，这一问题不属于经济学研究的范畴，从经济学角度研究的意义不大。二是国务院及财政部主导着生态补偿制度体系的形成，财政部制定的政策大多是采用财政手段推动生态补偿机制建立的财政政策，国家财政资金是生态补偿资金的最主要来源。这种纵向支付制度在区域生态补偿实践当中也存在诸多问题，还存在许多不合理之处。但是，这一现状在很长一段时间内很难改变，基于财政转移支付的生态补偿依然是最直接和行之有效的手段，因此与其提出其他完善生态补偿的政策，不如在现有的基础上，继续完善生态补偿的纵向转移支付制度，使之更适合于生态补偿的目标，这也是当前最切实可行的选择。纵向转移支付制度的一大优势就是节约了交易成本，保证一些生态补偿措施的顺利实施，而它的短处则在于补偿效率相对低下以及对生态环境直接保护主体——当地居民的忽视。

2. 现有生态补偿转移支付激励机制的研究现状

由于国内外政治制度和经济制度的差异，国外生态补偿的研究更多的是市场化条件下的 PES 研究，研究对象为生态产品交易制度和交易制度的实施机制主要包括 PES 类型、理论基础、实施机制以及绩效检验方面。在实施机制研究中对 PES 的激励机制进行了大量的研究，总体上是从两个方面进行的：一是在生态补偿契约给定的条件下，关注特定环境下契约的应用或者契约设计的某一个主要方面；二是在生态补偿契约不给定的条件下，通过一系列菜单契约，对比不同的契约设计方案在克服生态补偿中逆向选择和道德风险问题的效果。生态补偿转移支付作为 PES 的类型之一，也获得了部分学者的关注，而国外生态转移支付在补偿标准、补偿方式和激励机制等方面较为完善，其研究的重点在于案例的制度设计、制度实施状况以及制度实施效果检验等方面，政府间激励机制的专门研究相对较少。

相较于国外的 PES，我国生态补偿在理论研究和实践方面都相对落后，基本上还处在基本问题和基本理论的探讨和完善阶段，同时由于国内生态资源产权特别是使用权和使用权划分和匹配的模糊，国内的生态补偿主要形式就是生态补偿转移支付，而研究的重点在于基本制度和整体框架的构建，对具体的实施机制研究较少。对于生态补偿转移支付激励机制的研究侧重于生态补偿各主体的行为选择分析和描述，对于激励机制的研究处于初步的探讨阶段，在生态补偿激励机制如何体现生态原则，形成中央、地方与居民的互动与合作方面存在进一步研究的需求。

3. 国家重点生态功能区转移支付奖罚制度的内涵

从 2009 年国家重点生态功能区转移支付确定以来，目前已具备开展行为主体之间长期激励机制研究的基本条件，这也为本书的研究提供了经典的案例。为进一步具体总结本书的研究问题，本部分以 2009 年、2011 年和 2018 年制定和调整的《办法》为例进行分析，历年的《办法》都从分配原则、分配范围、分配公式、资金使用、监督考评、激励约束等方面对国家重点生态功能区转移支付做出了规定，如表 1 - 1 所示。

表 1 - 1　国家重点生态功能区转移支付办法概况

| 项目 | 2009 年《国家重点生态功能区转移支付（试点）办法》 | 2011 年《国家重点生态功能区转移支付办法》 | 2018 年《中央对地方国家重点生态功能区转移支付办法》 |
|---|---|---|---|
| 分配原则 | 公平公正，公开透明，循序渐进，激励约束 | 公平公正、公开透明，重点突出、分类处理，注重激励、强化约束 | |
| 分配范围 | 关系国家区域生态安全，并由中央主管部门制定保护规划确定的生态功能区；生态外溢性较强、生态环境保护较好的省区；国务院批准纳入转移支付范围的其他生态功能区域 | 青海三江源自然保护区、南水北调中线水源地保护区、海南国际旅游岛中部山区生态保护核心区等国家重点生态功能区；《全国主体功能区规划》中限制开发区域（重点生态功能区）和禁止开发区域；生态环境保护较好的省区 | （1）限制开发的国家重点生态功能区所属县（县级市、市辖区、旗）和国家级禁止开发区域。<br>（2）京津冀协同发展、"两屏三带"、海南国际旅游岛等生态功能重要区域所属重点生态县域，长江经济带沿线省市，"三区三州"等深度贫困地区。<br>（3）国家生态文明试验区、国家公园体制试点地区等试点示范和重大生态工程建设地区。<br>（4）选聘建档立卡人员为生态护林员的地区 |

续表

| 项目 | 2009 年《国家重点生态功能区转移支付（试点）办法》 | 2011 年《国家重点生态功能区转移支付办法》 | 2018 年《中央对地方国家重点生态功能区转移支付办法》 |
|---|---|---|---|
| 分配公式 | 某省（区、市）国家重点生态功能区转移支付应补助数 =（∑该省（区、市）纳入试点范围的市县政府标准财政支出 - ∑该省（区、市）纳入试点范围的市县政府标准财政收入）×（1 - 该省（区、市）均衡性转移支付系数）+ 纳入试点范围的市县政府生态环境保护特殊支出 × 补助系数 | 某省（区、市）国家重点生态功能区转移支付应补助数 = ∑该省（区、市）纳入转移支付范围的市县政府标准财政支出缺口 × 补助系数 + 纳入转移支付范围的市县政府生态环境保护特殊支出 + 禁止开发区补助 + 省级引导性补助 | 某省转移支付应补助额 = 重点补助 + 禁止开发补助 + 引导性补助 + 生态护林员补助 ± 奖惩资金。测算的转移支付应补助额少于该省上一年转移支付预算执行数的，中央财政按照上一年转移支付预算执行数下达 |
| 资金使用 | 转移支付按县测算，下达到省，最终落实到相关市县；基层政府要将资金重点用于环境保护以及涉及民生的基本公共服务领域 | | 享受转移支付的地区应当切实增强生态环境保护意识，将转移支付资金用于保护生态环境和改善民生，加大生态扶贫投入，不得用于楼堂馆所及形象工程建设和竞争性领域，同时加强对生态环境质量的考核和资金的绩效管理 |
| 监督考评 | 资金使用效果：<br>(1) 环境保护和治理：县域生态环境质量指标 EI 体系；<br>(2) 基本公共服务：学龄儿童净入学率、每万人口医院（卫生院）床位数、参加新型农村合作医疗保险人口比例、参加城镇居民基本医疗保险人口比例等（重点关注资金使用效果，对资金到位率、省对下转移支付等资金分配情况不予研究） | | 省级财政部门应当根据本地实际情况，制定省对下重点生态功能区转移支付办法，规范资金分配，加强资金管理，将各项补助资金落实到位。各省下达的转移支付资金总额不得低于中央财政下达给该省的转移支付资金数额 |
| 激励约束 | (1) 根据 EI 值结果，对生态环境明显改善的地区，给予适当奖励；对因非不可抗拒因素而使生态环境状况恶化的地区，将应享受转移支付的 20% 暂缓下达；连续生态环境恶化的县区，下一年度将不再享受该项转移支付，待生态环境指标恢复到 2009 年水平时，重新纳入转移支付范围。<br>(2) 基本公共服务指标中任何一项出现下降的，按照其应享受转移支付的 20% 予以扣除 | | 奖惩资金对象为重点生态县域。根据考核评价情况实施奖惩，对考核评价结果优秀的地区给予奖励。对生态环境质量变差、发生重大环境污染事件、实行产业准入负面清单不力和生态扶贫工作成效不佳的地区，根据实际情况对转移支付资金予以扣减 |

由表 1-1 可以看出：

第一，分配原则随着该制度实施的推进，进行了细化和强化，但宗旨一致，即通过转移支付资金的补偿，激励国家重点生态功能区县级政府的生态保护行为。

第二，分配范围的变化主要在对国家重点生态功能区的突出上，不仅体现了生态环境的重要性，也体现了国家重点生态功能区转移支付的生态针对性。但以整个国家重点生态功能区县域作为分配范围，在全国超过一半的区域内实施无差别生态补偿，无疑存在巨大的资金和监管挑战。同时在 2018 年的《办法》中也加入了精准扶贫和绿色扶贫的分配范围。

第三，分配公式的变化，首先以"生态文明示范工程试点工作经费补助"代替了"纳入试点范围的市县政府生态环境保护特殊支出"，以固定的"工作经费补助"代替按需安排的"特殊支出"；其次新增了"禁止开发区补助""省级引导性补助""生态护林员补助"和"奖惩资金"四项。公式因子的变化使得资金针对性更加明显、总量更大，但公式的核心仍为"国家重点生态功能区所属县标准财政收支缺口"，补偿依据为国家重点生态功能区的财政损失和生态环境保护投入。

第四，资金使用的表述虽有区别，但均说明转移支付资金由县级政府支配，用于保护生态环境和改善民生，具有双重目标。没有对其应在环境保护上用多少以及具体应用于哪些方面做出安排，而且忽略了生态环境保护的其他主体，特别是与生态环境要素密切接触的农村居民。

第五，历次《办法》都对监督考核与激励约束机制作出明确规定。其中，2009 年和 2011 年均将国家重点生态功能区民生改善和环境保护作为考核对象与奖惩依据，以 EI 指标体系评价环境保护与治理，以四个基本公共服务指标评价基本公共服务状况，并根据 EI 值与基本公共服务指标值的考核结果实施奖惩措施，惩罚比例均为转移支付额的 20%。但在 2012 年之后的转移支付办法中，监督考核与激励约束机制仅仅针对生态环境质量而没有提及对基本公共服务项的考评与奖惩。

通过对我国生态补偿制度和国家重点生态功能区转移支付奖罚办法内涵的分析，可以总结出本书的研究问题为：如何通过生态补偿转移支付激励生态环境保护区当地政府和居民保护生态环境，更好地发挥生态补偿激励机制的作用，提高我国的生态环境质量。以国家重点生态功能区转移支付为例具体来说，研究如何建立健全国家重点生态功能区转移支付的激励机制，包括两方面内容：一是建立健全中央政府和县级政府之间的激励机制，既可以节约中央政府的生态补偿成本，又可以充分激励县级政府的生态保护行为，增加县级政府在生态环境保护方面的投入；二是建立健全激励当地居民的生态保护意愿和行为的激励机制，发挥当地居民在生态环境保护中的主体地位。

# 二、研究目标和意义

## （一）研究目标

根据前文的分析，本书研究的落脚点是我国国家重点生态功能区生态补偿转移支付的激励机制，研究目标是通过理论分析和实证研究，为建立健全国家重点生态功能区转移支付激励机制提供理论指导和经验支撑。

具体来说，本书的研究目标有两个：一是运用生态补偿理论和方法建立有别于市场机制成熟和产权制度完善的国家、适用于政府主导下、面临比市场机制更复杂的信息不对称结构和委托—代理人多重结构等问题的生态补偿激励机制理论架构，通过这个逻辑统一的理论框架解释政府主导下以转移支付为主要形式的生态补偿激励机制设计问题；二是在我国现阶段的资源环境政策、产权制度和生态补偿制度的特殊背景下，以国家重点生态功能区转移支付实践为案例，应用建立的理论架构考察我国生态补偿存在的制度性缺失和问题，依据理论研究和实证研究的结论，提出完善我国生态补偿转移支付制度的理论思路和政策建议。

## （二）研究意义

提高政府生态补偿的激励效应是进一步巩固和推动我国生态环境保护的重要课题，根据我国国家重点生态功能区转移支付实施办法和现状，采用委托—代理模型和羊群效应模型对中央政府和县级政府、政府和当地居民之间的生态补偿和生态保护之间的委托—代理关系及各自的行为选择进行理论分析，构建国家重点生态功能区转移支付激励机制研究框架，并在此基础上实证研究中央政府与县级政府静态和动态激励机制，政府生态补偿政策对当地居民生态保护意愿和行为的激励机制，试图进一步完善我国国家重点生态功能区转移支付激励机制，对生态文明建设和美丽中国建设提供有效的政策建议。因此，本书具有重要的理论意义和现实意义。

1. 理论意义

激励理论作为经济学的一个重要分支，在研究中也逐渐纳入对人的行为的认识，现代激励理论试图通过严密的逻辑推理和数学模型对人的行为和激励过程的回馈机制进行探讨，激励理论的研究成果也越来越多地被应用于各个方面。本书将其引入国家重点生态功能区转移支付激励机制的研究中，一方面有利于完善我国生态补偿的理论研究，现阶段我国对生态补偿理论研究更多地聚焦在生态补偿标准的确立和政策制度分析上，对生态补偿方式的研究停留在对政府补偿、市场补偿或者二者相结合的讨论上，相对缺乏对如何更好地发挥政府补偿效果方面的研究。本书根据我国国家重点生态功能区转移支付的目标及实施办法，从县级政府和当地居民双重维度对国家重点生态功能区转移支付激励机制进行理论讨论和实证研究，有利于扩展我国生态补偿理论特别是生态补偿激励机制理论的研究进展。另一方面，激励机制理论为生态资源的公共物品或准公共物品领域的生态保护和生态补偿机制设计提供了理论指导，但已有生态补偿激励机制研究案例和对象主要集中在市场机制和产权制度相对成熟的国家，对政府间特别是市场机制不成熟和产权机制不健全的发展中国家政府间的生态补偿激励机制研究不足，本书将激励机制理论引入我国国家重点生态功能区转移支付激励机制设计中，有利于扩展委托—代理理论的应用研究范围，推进激励机制理论在政府间生态补偿机制研究中的应用和发展。

2. 现实意义

政府转移支付在现阶段和未来很长一段时间内依然是我国生态补偿资金的主要来源和重要形式，政府生态补偿转移支付的效果也成为我国生态补偿实施效果的主要影响因素，我国现阶段实施的转移支付虽然对生态保护起到了一定的作用，遏制住了生态环境质量恶化的趋势，但与预期的生态环境保护和生态建设的目标还有一定距离。本书针对国家重点生态功能区转移支付的生态保护效果，对转移支付的激励机制进行研究，一方面，通过对中央政府和县级政府之间的委托—代理问题的研究，得出了中央政府在短期（静态）和长期（动态）内生态转移支付形式和标准的选择菜单，有利于改进"一刀切"的生态补偿政策；另一方面，居民作为我国生态补偿政策和项目实施的直接利益主体，其权益被弱化和忽视了，这影响了制度的公平性和生态转移支付的效果，本书通过羊群效应模型、扩展的计划行为理论和构建结构方程模型，研究了生态补偿政策对当地居民生态保护意愿和行为的影响，为提高居民在生态保护中的重要地位提供了理论支持和实证经验。

# 三、研究对象的界定

## （一）生态补偿和生态补偿转移支付

"生态补偿"术语起源于生态学理论，而后才逐渐演化为具有经济学意义的概念，生态补偿的概念通常交替使用其生态学、经济学含义，难以形成统一的共识。

20世纪80年代到90年代初期，经济学意义上的生态补偿本质上就是生态环境赔偿（章铮，1995；庄国泰等，1995）[17][18]；此后的90年代中后期，生态补偿侧重于对生态环境保护、建设者进行财政转移支付等生态效益补偿（洪尚群等，2001；毛显强等，2002；刘峰江、李希昆，2005）[19]-[21]。俞海和任勇（2008）[22]明确指出，生态补偿不仅包含受益者补偿保护者，而且包含破坏者赔偿受损者，强调根据不同类型的问题选择不同的政策工具。《环境科学大辞典（修订版）》（2008年）将生态补偿概念理解为以经济激励为基本特征的制度安排，原则是外部成本的内部化，目的是调节相关利益主体之间的环境及经济利益关系，实现保育、恢复或提高生态系统功能和生态系统服务供给水平。国内经济学范畴的生态补偿已经从单纯对生态环境破坏的赔偿演化为对生态保护效益的补偿，从而明确定位在生态保护领域，以区别于污染防治（杨光梅等，2007）[23]。李文华和刘某承（2010）[24]将生态补偿定义为依据生态系统服务价值、生态保护者的实际投入成本和机会成本，利用政府工具和市场工具，调整生态保护利益相关者之间环境与经济利益关系的一种公共制度，该制度目的在于保护生态环境、促进实现人与自然的和谐发展。根据以上学者的研究，将本书研究的生态补偿界定为：以经济激励为核心手段，根据生态保护成本、发展机会成本以及生态系统服务价值，运用政府或者市场手段，实现生态环境的永久保护和可持续利用的公共制度。

转移支付是政府间为了平衡财政关系而通过一定形式或者途径无偿转让财政资金的活动，主要用于政府的基本公共服务支出，一般分为纵向转移支付和横向转移支付，生态补偿财政转移支付制度是指对通过政府之间或者政府与企业、公民之间财政资金的转移对生态功能的提供者以及因生态保护而发展受限的牺牲者提供补偿的一种制度。生态补偿财政转移支付制度通过对生态相关主体的利益再分配方式实现生态保护，达到支持矫正辖区外溢、解决居民环境权和发展权矛盾的目标。本书研究的国家重点生态功能区生态补偿转移支付是一种中央政府对县级政府和当地居民的纵向转移支付，是指中央政府对国家重点生态功能区县级政府和当地居民因保护生态环境而付出的成本和执行各项禁止和限制政策造成的经济损失进行补偿的一种转移支付制度。

### （二）激励机制和生态补偿转移支付激励机制

"机制"一词最早源于希腊文，原指机器的构造和工作原理，现指有机体的构造、功能及其相互关系，机制的本义引申到不同的领域产生了不同的含义。社会学中的机制可表述为"在正视事物各个部分存在的前提下，协调各部分之间关系，以更好地发挥作用的具体运行方式"。激励机制是指在组织系统中，通过特定的方法与管理体系，激励主体运用多种激励手段并使之规范化和相对固定化，而与激励客体相互作用、相互制约的结构、方式、关系及演变规律的总和。勒波夫（M. Leboeuf）在《怎样激励员工》中指出，奖励是世界上最伟大的原则，受到奖励的任务会被做得更好，每个人在有利可图的情况下都会干得更漂亮。弗鲁姆的期望理论公式同样表明，对个人的激励机制可以通过改变一定的奖酬与绩效之间的关联性以及奖酬本身的价值来实现。

研究激励机制的首要问题就是对激励机制中的行为主体及其行为选择进行确认，激励机制的行为主体一般称为委托人和代理人，委托人将一项或者一类任务委托给代理人，给后者某些决策权，并要求后者的行为准则是前者的利益最大化，而委托人要对代理人的行为选择后果承担风险责任（Fama 和 Jensen，1983）[25]。激励机制效率不能实现最优的根源在于委托、代理双方对自身利益最大化的追求。Jensen 和 Meekling（1976）[26]指出：如果双方都是追求效用最大化的人，就有充分的理由相信代理人会以自身利益最大化为准则，选择有利于自己的行为；Laffont 和 Tirole（1986）[27]、Laffont 和 Lartimort（2001）[28]同样指出面临信息不对称情况的委托人需要权衡激励强度和信息租金。信息租金等于信息对称情况下与信息不对称情况下的委托人总效用之差，完善激励机制的目标就是在利益冲突和信息不对称情况下设计一个最优契约，使它既是激励可行的，又尽可能少付出信息租金（Sappington，1991）[29]。

国家重点生态功能区转移支付激励机制中的委托人是中央政府，代理人是县级政府及当地居民，根据激励机制的含义，国家重点生态功能区转移支付激励机制可定义为：作为委托人的中央政府将生态环境保护和建设的任务委托给作为代理人的县级政府和当地居民，同时前者提供生态补偿转移支付以激励后者提供更多的生态保护努力，并促使这种激励行为制度化和固定化。在具体的激励机制设计中，文章重点关注中央政府与县级政府之间、政府与当地居民之间的生态补偿激励机制研究，在满足激励相容条件和参与约束条件下，中央政府可以根据已知的信息结构，制定相应的激励策略，促使县级政府和当地居民选择有利于中央政府利益的行为，充分发挥国家重点生态功能区转移支付对生态环境保护和建设的激励效应，是国家重点生态功能区转移支付激励机制的研究重点。

# 四、研究思路和方法

## （一）研究思路

本书紧紧围绕生态补偿激励机制这一主线，遵循"提出问题—文献述评—理论分析—实证分析—政策建议"的总体思路，采用扩展的委托—代理模型和羊群效应模型对国家重点生态功能区转移支付的激励机制展开研究，具体研究思路如下：首先，通过对生态补偿转移支付国内外研究现实背景和理论背景的介绍，并结合我国国家重点生态功能区转移支付激励机制的实际状况，提出研究问题；其次，通过对国内外有关生态补偿激励机制的文献进行梳理，找出国内外生态补偿激励机制的研究成果和不足，进一步提出研究切入点；再次，在文献梳理的基础上，采用委托—代理模型和羊群效应模型构建了国家重点生态功能区转移支付激励机制的理论模型，对生态补偿转移支付激励机制进行理论分析；又次，根据理论分析框架，分别采用数值模拟方法、计量回归方法以及调研数据分析法等对国家重点生态功能区转移支付的激励机制及效应进行实证分析；最后，总结全文，提出建立健全国家重点生态功能区转移支付生态补偿激励机制的政策建议。

### （二）研究方法

第一，规范分析与实证分析相结合的方法。规范分析是指基于一定的价值判断，提出某些分析经济问题的标准，并研究怎样才能符合这些标准的分析方法。实证分析是指超越一切价值判断，以可以证实的前提为基点来分析经济活动的分析方法。本书采取规范分析与实证分析相结合的方法对国家重点生态功能区转移支付的生态补偿激励机制进行研究，具体来说，一方面，以国家重点生态功能区转移支付为例，对生态补偿激励机制进行理论分析，首先通过扩展的委托—代理模型，构建了中央政府和县级政府之间的静态和动态激励契约，理论分析中央政府和县级政府之间的委托—代理关系；其次运用羊群效应模型分析了生态补偿政策对当地居民保护意愿和行为的影响，理论上考察政府生态补偿政策对当地居民的激励机制。另一方面，对理论分析的三部分进行实证分析，首先对静态条件下不完全信息状况对生态保护激励机制的影响进行数值模拟；其次以陕西省国家重点生态功能区转移支付的实施及其效果为研究样本，实证研究转移支付生态补偿激励机制效果；最后以调研数据为研究样本，从居民生态保护意愿和生态保护行为视角进一步研究国家重点生态功能区转移支付激励效应。

第二，系统分析法。系统分析法是研究任何一个问题都要使用的方法，只有将一个问题作为一个系统进行研究，才能全面理解该问题。国家重点生态功能区转移支付激励机制的建立与完善是一项复杂的系统工程，既包括中央政府与地方政府之间的激励问题，又包括政府和当地居民之间的激励问题，同时还涉及静态与动态激励问题。首先，从静态的视角研究了中央政府与县级政府的激励机制构建问题，分析了不同的不完全信息状况对激励机制和县级政府生态保护努力的影响；其次，以陕西省为例，研究了动态条件下生态补偿转移支付的激励机制效果及影响因素，提出构建长效的生态保护激励机制；最后，根据国家重点生态功能区双重目标中改善民生目标，对如何激励当地居民生态保护行为问题进行了研究。本书对国家重点生态功能区转移支付激励机制的系统研究，有利于系统认识国家重点生态功能区转移支付激励机制。

第三，数值模拟分析法。在分析静态条件下国家重点生态功能区转移支付对县级政府生态保护激励效应时，采用了数值模拟分析法，分析不同价值类别资源比例、保护成本差异以及保护努力达到既定目标的概率等因素对隐藏信息、隐藏行为以及既隐藏信息又隐藏行为三种不完全信息条件下与完全信息条件下激励机制的影响差异，分析了静态条件下生态补偿转移支付激励机制的最优形式及影响因素。

第四，实地调研分析法。实地调研分析法是指研究者通过实地面谈、提问调查等方式收集、了解事物的详细资料数据，并加以分析的方法。这种方法通常用来探测、描述或解释社会行为、社会态度或社会现象。本书在分析国家重点生态功能区当地居民生态保护意愿对生态补偿行为影响时，采用了实地调研分析法，通过对陕西省的柞水县、镇安县等地区农户的实地调研，获得第一手的数据，并以此为研究对象，分析了国家重点生态功能区转移支付实施办法中改善民生这一目标对居民生态保护行为的激励机制效应。

# 五、内容安排和技术路线

本书主要分为七章，具体内容如下：

第一章，绪论。该章研究的目的在于提出问题，阐释研究的意义，同时界定研究对象，介绍研究的思路和方法。核心在于提出问题和阐释研究意义，从我国生态补偿现状特别是国家重点生态功能区转移支付实施的现实背景以及理论背景研究现状出发，引出研究生态补偿转移支付激励机制的重要意义。

第二章，文献综述。该章的研究目的在于对现有关于生态补偿以及生态补偿转移支付激励机制的研究成果进行梳理和总结，以找出研究切入点。首先对生态补偿研究现状进行综述，主要从生态补偿理论基础、生态补偿类型以及实施机制三方面进行综述；其次对激励机制理论演进进行综述，在此基础上综述委托—代理视角下的激励机制；最后对生态补偿转移支付及激励机制的研究现状进行总结，在对生态补偿转移支付的重要性研究、生态补偿转移支付制度设计分析、生态补偿转移支付效果研究三方面内容进行综述的基础上，对生态补偿转移支付激励机制的研究现状进行梳理；最后提出本书的研究切入点。

第三章，生态补偿转移支付激励机制理论分析。该章的研究目的在于构建国家重点生态功能区转移支付的激励机制理论分析框架，为后文的实证研究提供理论基础。首先描述和界定我国生态补偿转移支付激励机制理论分析思路和模型环境，对静态条件下国家重点生态功能区转移支付的激励机制模型进行分析，该部分的主要关注点是信息状况对激励机制的影响；其次分析动态条件下国家重点生态功能区转移支付的激励机制模型，关注点在于转移支付的使用以及长效激励机制；再次从国家重点生态功能区当地居民视角研究转移支付的激励机制，主要是运用羊群效应模型说明激励农户的生态保护意愿能够实现增进整体生态保护行为；最后提出理论分析框架。

第四章，国家重点生态功能区转移支付激励机制静态分析。该章的目的在于分析静态条件下信息状况对国家重点生态功能区转移支付激励机制的影响。首先对国家重点生态功能区转移支付的委托、代理双方以及激励契约形式进行界定；其次对比分析了隐藏行为、隐藏信息以及既隐藏行为又隐藏信息条件下生态补偿激励契约与完全信息条件下激励契约的效率；再次对分析结果进行数值模拟分析；最后根据研究结论提出静态条件下完善国家重点生态功能区转移支付激励机制的政策建议。

第五章，国家重点生态功能区转移支付激励机制的计量分析。该章的研究目的是研究国家重点生态功能区转移支付的长效机制。首先对县级政府的双重目标进行分析，并根据第三章的理论分析以及相应的文献梳理提出三个研究假说；其次以陕西省 2009～2018 年享受国家重点生态功能区转移支付的 33 个县为研究样本，对转移支付的长效激励机制及上述命题进行实证检验；最后提出如何完善国家重点生态功能区转移支付长效机制的政策建议。

第六章，居民视角下国家重点生态功能区生态补偿激励机制分析。该章的研究目的是研究国家重点生态功能区当地居民的生态保护意愿对生态保护行为的影响，从而分析改善民生目标对居民生态保护行为的激励效应。首先梳理了计划行为理论的观点和该理论在相关领域的应用，并在此基础上构建出研究国家重点生态功能区得到居民生态保护意愿和行为的实证模型；其次提出了国家重点生态功能区当地居民生态保护行为态度、主观规范、感知行为控制、生态补偿政策、生态保护意愿以及生态保护行为的六个假设；再次采用结构方程模型对假设进行验证；最后提出如何提高国家重点生态功能区当地居民生态保护行为的政策建议。

第七章，研究结论与展望。该章的研究目的是对全书进行总结，提出完善国家重点生态功能区转移支付激励机制的政策建议，并指出创新点以及研究的不足。

本书的技术路线如图1-1所示。

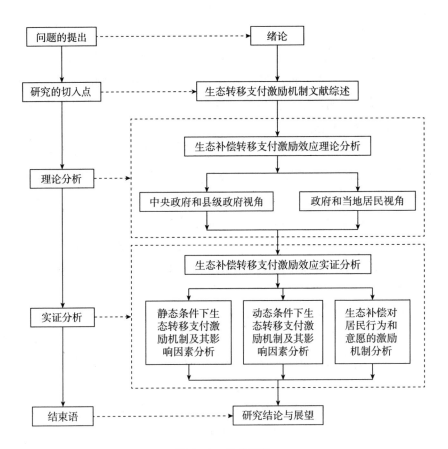

图1-1　技术路线

# 第二章　文献综述

本章对国家重点生态功能区转移支付激励机制研究涉及的基础理论和相关研究的文献综述进行梳理，对生态补偿转移支付激励机制的研究成果进行总结，找出现阶段可能存在的不足，从而得到研究的切入点。具体来说，包括四部分内容：第一部分综述生态补偿研究现状，从生态补偿理论基础、生态补偿类型和生态补偿机制三方面进行综述。第二部分综述激励机制研究现状，首先对激励机制的演化进行综述，并在此基础上从委托—代理视角对激励契约形式进行分析。第三部分是国内外生态补偿转移支付及其激励机制的研究综述。第四部分是对前三部分的研究进行评述，并提出研究切入点。

## 一、生态补偿研究现状

欧美等国家和地区的水源、土壤及生物多样性保护等农业友好政策已经实施了几十年，生态系统服务市场与 PES 等市场化工具也广泛应用了近 20 年；有关 PES 的研究虽然源于 1974 年，但 90% 以上的文献都集中出现在 2004 年以后。国内生态补偿研究始于 20 世纪 80 年代，集中在 1992 年以后，内容从初期纯粹的理论探讨（1992～1998 年）逐渐演变为理论与实践的综合性研究（1998 年至今）。本书将我国的生态补偿和国际上通用的生态系统服务（PES）看作同义词，从理论基础、生态补偿类型、生态补偿机制等角度对国内外研究生态补偿及 PES 的文献进行梳理和评述。

## （一）生态补偿理论基础

国外对生态补偿理论基础的研究，集中在生态资源价值论、外部性理论和公共物品理论三方面，国内研究是在引进国外研究成果的基础上，结合我国实际状况展开的。

### 1. 生态资源价值论

生态环境价值论的确立有两种理论依据，一种是西方经济学中的"效用价值论"，另一种是马克思的"劳动价值论"。效用价值论最早表现为一般效用论，其主要观点是：一切物品的价值都来自它们的效用，用于满足人的欲望和需求。19世纪70年代演化为边际效用论。边际效用论认为价值源于效用，是以物品的稀缺性为条件，效用和稀缺性构成了价值得以体现的充分条件，只有在物品相对人的欲望来说稀缺的时候才能形成价值；某种物品越稀缺同时需求越强烈，那么边际效用就越大，价值就越大，反之则越小。效用价值表现的是人对物的判断，它将交换价值解释为个体在充分考虑物的稀缺性条件下对其效用的评价。根据这一理论，效用是价值的源泉，价值取决于效用、稀缺两个因素，前者决定价值的内容，后者决定价值的大小。西方环境价值理论是构建在效用价值理论基础之上的。该理论认为生态环境的价值源于其效用，即在生态环境稀缺性条件下其满足人类生态环境需求的能力及对其的评价，生态环境是一种不可或缺的生产要素。

马克思的劳动价值论认为没有经过人类劳动的环境资源没有价值。但随着人类认识客观事物的深化，环境资源仅仅没有绝对价值（即指直接通过人类劳动创造的价值），但却具有相对价值（即指间接通过人类劳动创造的价值），因此，以相对价值来表示环境具有价值是符合客观实际的，也即生态环境中凝结的人类抽象劳动，表现为人类在发现、培育、保护和利用生态环境、维护生态系统潜力等过程中的活劳动的投入。因此，从劳动价值论的角度来看，环境也是存在价值的。此外，根据马克思的级差地租理论，生态环境差别性地租体现在其不同的价值，其级差性地租源于生态环境的优劣导致的等量资本投入到等量生态环境中产生的社会生产价格和个别生产价格的差异。生态环境的级差地租可分为两类：一类是由地理环境和生态环境丰裕度不同导致的级差租；另一类是由各种投入的生产效率差异带来的级差租。

国内许多学者从稀缺论和劳动价值论角度对生态资源价值进行了研究。张建国曾指出，劳动价值论是森林等生态资源效益评估的基础，稀缺理论则是评估依据的有益补充[30]。李金昌指出环境价值的本质在于环境有益于人类，价值大小与环境的稀缺性和环境的开发、使用条件相关[31]。聂华（1994）[32]、谢利玉（2000）[33]和胡仪元（2009）[34]以分析物化在生态资源生产过程中的社会必要劳动时间为起点，阐述生态资源具有的使用价值与非使用价值两种基本属性，概括出生态资源的劳动价值论，指出生态资源价值、价格理论是生态补偿及其相应价格决定的理论依据。丁任重等强调自然生态环境的价值多重性及其构造与功能的系统性，决定了现有资源价值体系难以涵盖其价值的全部，为了尽可能完整地体现其价值，保持其良性发展和正常功能的发挥，有必要实施生态补偿[35]。曹明德（2010）[36]、谢慧明（2012）[37]认为除传统的人造资本、人力资本和金融资本外，还存在着由自然资源、生态环境和生命系统共同构成的自然资本，生态补偿实际就是自然生态系统和资源资本化、经济化的过程，应遵循自然资本理论的基本原理。陶建格（2012）[38]将生态补偿中的生态资本理论基本内容概括为：生态环境资本范围、稀缺性、劳动价值观、自然与社会二重性、总价值中使用价值与非使用价值的二元结构等。关于生态资本的非使用价值，陶建格指出其实质是人类在利用生态环境过程中所获得的、由整个生态系统平衡发展所产生的福利和收益；刘春江等（2009）[39]认为它包括选择价值和存在价值两部分。

综上所述，生态资源价值理论明确了生态资源的重要价值，为生态补偿及其标准的确立提供了重要的理论支撑。

2. 外部性理论

生态补偿的另一个重要理论基础就是外部性理论，进行生态补偿的直接原因就是内化生态保护的外部性，而生态环境保护努力不足的根源也在于生态保护过程中生产的外部性。在现代经济学中，外部性概念是一个出现较晚但越来越重要的概念。

事实上，外部性理论起源于对正外部性的关注和探讨。西奇威克有关灯塔问题的研究就认识到外部性的存在，并认为解决外部性问题需要政府的干预。通常认为，外部性概念源于经济学家马歇尔提出的"外部经济"。之后，庇古（1920）研究了经济活动经常存在的私人边际成本与社会边际成本、边际私人净收益与边际社会净收益的差异，断定不可能完全通过市场模式优化各种资源的配置，从而实现帕累托最优水平，庇古以灯塔、交通、污染等问题的案例分析佐证了自己的观点和理论，指出外部性反映一种传播到市场机制之外的经济效果，该效果改变了接受厂商产出与投入之间的技术关系，这种效果要通过政府的税收或补贴来解决[40]。至此，静态外部性的理论轮廓基本成形，"庇古税"开始成为依赖政府干预消除经济活动外部性的理论依据。"谁破坏、谁补偿"原则、污染者付费制度等都是庇古税在现实中的应用。

毛显强等（2002）[20]认为外部性补偿的庇古手段、科斯方法的产权界定、生态补偿要素及内涵等构成了生态补偿理论的三大支柱。沈满洪和杨天（2004）[41]指出生态资源价值论、外部性理论和公共物品理论是生态补偿机制的三大理论基石。中国生态补偿机制与政策研究课题组认为，生态补偿的基础理论包括自然资源利用的生态学理论、自然资源环境资本理论、环境资源的产权理论、公共物品理论、外部性理论，其中，生态学范畴下自然资源利用呈现的不可逆性是构建和实施生态补偿机制的自然属性要求；环境资本论是生态补偿机制构建的价值基础，也是补偿标准确定的理论依据；环境资源产权状况是生态补偿的法理基础；不同的公共物品属性是生态补偿政策工具选择的前提条件；外部性是生态补偿问题的核心，相关理论是生态补偿机制和制度构建应遵循的原则，也是相应政策工具选择的依据[42]。崔金星和石江水（2008）[43]在解释中国西部生态补偿理论时指出，环境公平与自然正义是生态补偿的法理基础，自然资本论的基本观点则是实施生态补偿、弥补由人类活动产生的环境损害和资源消耗的理论根源。李文国和魏玉芝（2008）[44]认为，可持续发展理论为生态补偿确定了最终目标，外部性理论为生态补偿提供了思路和方法，公共物品理论说明了生态补偿的必要性，生态资本理论则是生态补偿额度计算方法的依据。

3. 产权理论

1924 年，奈特开创性地拓展了"外部性"研究的视野，他重新审视了庇古研究的"道路拥挤"问题，认为缺乏稀缺资源的产权界定不清晰是"外部不经济"的真实原因，他认为可以采用将稀缺资源赋予私人所有的方法来克服"外部不经济"问题。奈特的研究为外部性的产权理论发展奠定了基础。1960 年，新制度经济学奠基人科斯提出了"交易成本"的范畴，虽然没有对外部性进行界定，却扩展了奈特等人的研究思路，认为由于交易成本的存在，凭借稀缺资源产权的完全界定克服外部性几乎难以实现。在科斯的观点中，外部性具有相互性，并不是纯粹的一方损害另一方（负外部性）或者一方让利另一方的单向效应，因此不存在课税一方、补贴另一方的明确取向；在交易成本为零的情况下，明晰的产权会使双方达成交易，实现社会最优，根本不需要政府庇古税或补贴的干预；在交易成本不为零的情形下，如果产权市场交易的交易费用低于庇古税或补贴的管理成本，明晰产权并凭借双方自愿协议或产权市场交易是有效率的制度安排，如果相反，交易成本高于管理成本，庇古税或补贴等政府干预措施则是有效的路径。当然，两种路径进行成本—效益比较的前提是：无论交易成本还是管理成本，都小于外部效应存在时产生的社会福利损失。科斯对产权界定问题的研究得出的科斯定理就是通过对现实中存在的典型环境污染问题案例总结出的。经过科斯等人的努力，产权经济学逐渐成形，交易成本、产权成为外部性研究的又一种经典理论工具。

常修泽（2008）[45]认为以"交易成本"分析的方法，即通过建立资源环境产权制度可以解决环境污染的外部性等问题，有助于克服和缓解我国资源环境领域的矛盾。马永喜等（2017）[46]基于产权理论对流域生态环境产权进行了明确界定，科学厘清了生态保护投入补偿和污染补偿，有针对性地提出了流域上下游生态补偿的标准和内容。邱宇等（2018）[47]认为在明确排污权的前提下，通过市场机制解决外部性问题可以提高上游地区流域生态环境保护的积极性，实现流域水资源的最优利用。李宁指出只有生态资源产权明晰，才能厘清生态资源与经济主体之间的责任关系，从而判断经济主体在生态补偿中的主客体身份，使得利益相关方支付或获得补偿[48]。可见，产权理论是生态补偿机制构建的重要理论基础，生态资源产权的清晰界定是生态补偿各利益相关主体支付补偿或获得补偿的重要前提和基础。

4. 公共物品理论

生态环境保护具有更广义的公共物品属性，这也是生态环境保护不足、需要进行生态补偿的根源之一，本部分主要从公共物品的概念演化和分类、公共物品效率损失以及公共物品供给方式三方面对公共物品理论进行综述。

公共物品是相对于私人物品而言的，其内涵事实上就是非私人物品。实际上，无论新古典学派，还是制度学派，都没有将俱乐部及集体物品列入纯公共物品的范围，但学术界却习惯将公共物品概念扩展为涵盖俱乐部物品、集体物品以及其他类似物品在内。不同学者依据公共使用、可分性程度、交易、相对成本，以及排他性与竞争性等各自不同的标准，从不同的角度刻画物品的本质属性，并且得出私人物品之外，包含纯公共物品、俱乐部物品和公共资源在内的、广义公共物品的多种性质。

现代经济学意义上的公共物品最初是由林达尔正式提出的，后由萨谬尔森等人加以系统化的发展。福利经济学家庇古（Pigou，1920）在理论上对公共物品理论进行了进一步的拓展和深化，使之成为福利经济学的一个基本问题。

被普遍接受的公共物品概念和内涵是由萨谬尔森采用的排他性和竞争性标准界定的，萨谬尔森（1954）[49]指出，公共物品的个体消费不会导致其他人对该物品的消费减少，同时也不能有效排除某一个个体对该物品的消费，萨谬尔森界定的是非竞争性和非排他性显著的纯公共物品。之后，Buchanan 将具有非竞争性和排他性的物品描述为俱乐部物品，认为这是一种集体消费所有权的安排，俱乐部物品又称自然垄断物品，而俱乐部物品理论也就是萨谬尔森提出的合作成员理论。俱乐部物品理论包含不同数量成员间分配消费所有权的研究，弥补了萨谬尔森在纯私人物品和纯公共物品之间的理论缺口，能够涵盖公共物品、私人物品和混合物品等所有物品。

另一种广义的公共物品是奥斯特罗姆（Elinor Ostrom）描述的具有竞争性和非排他性的公共池塘资源，简称公共资源[50]。关于自主组织的公共资源治理，奥斯特罗姆主张基于其占有与供给现状，多层次分析制度构成，通过正式、非正式的集体选择协商，即自主组织行为，明确公共资源的操作细则，解决公共资源面临的新制度供给、可信承诺以及相互监督三大问题。至此，获得广泛认可的物品四分法得以形成。Mankiw 将物品最终分为纯公共物品、公共资源、自然垄断物品和私人物品四类。

综上所述，国内外生态补偿理论基础的研究主要集中在生态环境价值理论、外部性理论、产权理论和公共物品理论，并就此取得了广泛的共识。在生态补偿制度中，生态资源价值论是生态补偿机制构建的价值基础，也是补偿标准确定的理论依据；环境资源产权状况是生态补偿的法理基础；不同的公共物品属性是生态补偿政策工具选择的前提条件；外部性是生态补偿问题的核心[42]。这四个理论相互补充、相互支撑，共同构成了生态补偿制度的基础理论体系。

## （二）生态补偿类型研究

### 1. 国外 PES 类型研究

Engel 等（2008）[10]将 PES 项目分为两种类型，即消费者（也称所有者）付费（user – financed）和政府付费（government – financed），两种 PES 付费类型的关键区别不仅在于谁付费，还在于谁有权做出付费的决策。亚洲开发银行（2010）[51]将 PES 机制的各种类型划分为三个基本种类：直接付费、减缓与补偿付费、认证，其中直接付费包括一般补贴、积分补贴、谈判和竞标；减缓与补偿付费包括清洁发展机制、湿地减缓银行和生物多样性补偿；认证包括生态标签和森林认证。Barbier 和 Markandya（2012）[2] 根据所涉及的付费机制不同，将 PES 分为自愿契约协议、公共付费计划和交易体系三种主要类别。Whitten 和 Shelton（2005）[52] 与 NMBIWG（2005）[53] 也将矫正市场失灵的市场化工具分为市场摩擦机制、基于价格的机制和基于数量的机制。Lockie（2012）[54] 将基于价格的政策工具分为市场改革和市场设计两种类型，从而提出四分法。Pirard（2012）[55] 指出，广泛意义上的 PES 应包括 PES、税收和补贴、减缓行动和物种基因银行（mitigation or species banking）、认证等工具，他基于 MBIs、经济理论、市场三者之间的联系，将政策工具的集合确定为规制价格信号（regulatory price signals）、科斯类型的协议（Coasean – type agreements）、竞标（reverse auctions）、可交易许可证（tradable permits）、直接市场（direct markets）和自愿价格信号（voluntary price signals）六种。

从各种分类方法涉及的范畴来看，有狭义和广义之分，二分法为狭义 PES，其余为广义 PES。即使广义 PES 所涵盖的实际工具也不完全相同，被多次提及的工具有自愿协议、补贴、竞标、可交易许可证、认证和标签五种，其余如标准、能力建设以及产品等工具则分别仅在某种归类法提及，如表 2 - 1 所示。

表 2 - 1　PES 类型和归类方法

| 常见工具 | 二分法 Engel（2008） | 三分法 ADB 亚洲开发银行（2010） | 三分法 Barbie（2013） | 四分法 Lockie（2012） | 六分法 Pirard（2012） |
|---|---|---|---|---|---|
| 自愿协议 | 使用者付费 | 直接付费 | 自愿协议 | | 科斯协议 |
| 补贴 | 政府付费 | 直接付费 | 公共付费 | 市场改革 | 规制价格信号 |
| 竞标 | | 直接付费 | | 市场创建 | 招标 |
| 可交易许可证 | | 支付补偿付费 | 交易体系 | 数量机制 | 可交易许可证 |
| 认证和标签 | | 认证 | | 市场摩擦 | 自愿价格信号 |
| 能力建设 | | | | 市场摩擦 | |
| 标准 | | | | 市场摩擦 | |
| 产品 | | | | | 直接市场 |

2. 国内生态补偿类型研究

国内关于生态补偿类型的研究遵循了 Engel 提出的狭义的两分法，将生态补偿类型分为政府模式和市场模式。万军等（2005）[56]根据支付主体的不同将生态补偿区分成政府补偿与市场补偿两类，政府补偿工具主要包括重大生态建设工程、财政专项基金和财政转移支付，市场补偿工具有排污权交易、水权交易、排污费、环境费、资源费和生态补偿费等。葛颜祥等（2007）[57]指出市场补偿是生态服务受益者直接补偿保护者，主要有生态标记、一对一交易、产权交易市场等方式，政府补偿多采用生态补偿基金、政策补偿和财政转移支付等方式。

我国生态补偿类型研究的侧重点集中在两种生态补偿类型的适用性和政府补偿类型具体分析方面，葛颜祥等（2007）[57]指出市场补偿方式交易成本高、制度运行成本低，政府补偿则恰与之相反，前者适用于规模小、产权清晰和补偿主体集中的流域，后者适用于规模大、产权模糊和补偿主体分散的流域。周映华（2007）[58]比较了中国流域生态补偿的实践和探索，指出政府主导应是主要补偿模式。俞海和任勇（2008）[22]依据生态系统及其服务的物品属性，对相应生态补偿问题进行分类，指出生态补偿首先要进行初始产权的界定，即全国生态功能区的划分，其次，纯粹公共物品的生态补偿问题宜用财政补贴手段，公共资源问题宜在强化政府干预的同时、逐步向自愿协商转变，矿产资源开发等准私人物品问题宜用自愿协商机制；地方公共物品和俱乐部物品问题宜由地方政府合理选择相应机制。马莹（2010）[59]从利益相关者视角分析了流域政府主导型生态补偿制度的设计要点：责任与收益匹配、使用成本加利法测算标准、相关利益者分摊费用以及激励监督主体承担责任等。尚海洋等（2011）[60]认为市场补偿机制目标少且明确，涉及生态系统（Ecosystem Services，ES）类型多、效果好，而政府补偿机制涉及 ES 单一，但是通常多目标，更具规模经济性。黄飞雪（2011）[61]以绿地、园林为例，采用 2006～2008 年 30 个省份的绿地面积和政府投入面板数据构建回归模型，通过成本效益分析发现庇古手段的生态补偿效果明显，认为绿地与园林生态补偿应以庇古手段为主、科斯手段为辅，使用科斯手段时为了减少生态损失，应以经营权私人化为产权调整方向。冯俏彬和雷雨恒（2014）[62]从生态补偿制度的实际运作角度出发，认为我国生态补偿制度建设应当借鉴生态服务交易理念、引入市场化机制，加大排污权交易、进行生态产品认证。李荣娟和孙友祥（2013）[63]分析了政府资源环境管制和政府 ES 购买的缺陷，认为完善政府管制工具、健全政府补偿工具、探索并引入市场化补偿工具，构建市场、政府和社会协同的 ES 供给机制，才可能提高 ES 供给水平。聂倩和匡小平（2014）[64]认为我国生态补偿以政府主导模式为主，效率较低，应推进市场化补偿模型的发展。朱建华等（2018）[65]认为以政府财政转移支付为主要资金来源的生态补偿机制给财政造成一定负担，资金渠道单一，资金使用效率不高，需要完善市场化生态补偿机制。

在政府补偿模式中，杜振华和焦玉良（2004）[66]指出，纵向财政转移支付不能体现 ES 在相关产业、区域、流域间漂移的特征，横向生态补偿尚属空白，应设立区际生态转移支付基金作为相应生态补偿的操作范式和制度选择。张冬梅（2013）[67]认为从福利经济学角度观察，纵横交错的财政转移支付制度是民族地区生态补偿最直接有效的政策选择。田贵贤（2013）[68]探讨了生态补偿横向转移支付的三大优先领域：流域生态补偿、重点生态功能区补偿、省际间区域补偿。杨中文等（2013）[69]分析了现有水生态补偿财政转移支付制度的缺陷，提出构建以纵向为主、横向为辅，横向转移支付纵向化的水生态补偿财政转移支付制度。杨晓萌（2013）[70]指出我国重点生态功能区划与地方政府财政能力差异相矛盾，应以横向转移支付制度作为生态补偿纵向财政转移支付制度的有益补充。卢洪友等（2014）[71]认为应建立和实现绿色环境资源税费体系，完善生态激励与财力均衡相结合的生态补偿纵向财政转移支付制度，推广跨地区的横向转移支付制度。杨欣等（2017）[72]认为农田生态补偿横向转移支付是调查农田保护和农地发展之间利益关系的重要环境经济政策。

### （三）生态补偿机制研究

国内外关于生态补偿机制的研究主要包括生态补偿实施机制、补偿标准以及运行环境等方面。

#### 1. 实施机制研究

Corbera 等（2009）[73]提出了一个评估制度设计、制度绩效、制度相互作用、PES 能力和规模等的概念方法，识别确定了影响自然资源管理制度成功的要素，诸如参与者对规则的接受程度，或者参与者对承诺的监督等。Vatn（2010）[74]致力于研究治理结构与下列因素的相互关系：产权配置、协调规则、机构代理人之间的互动；交易成本水平；PES 的动机及其意义。Muradian 等（2010）[7]解释了为什么和如何在治理结构中考虑下面这些因素：高成本信息、不确定市场、资源的不公平利用、产权初始配置，以及中介的作用、制度环境、文化背景等。Tacconi（2012）[8]强调了环境服务或其替代物的度量和监测控制在 PES 的基础地位和重要作用，指出有效 PES 应该具备条件性、额外性和透明性，认为条件性、额外性和透明性是 PES 的重要特征，至少供给者的自愿参与应该是首选，结构良好的 PES 体系包括：明确保养的、适当规模的环境服务（并与其他服务有潜在的关系），或者显现出有助于 ES 供给的、环境管理的活动；选择适合参与的区域和供给者的程序，达成契约指定参与的条件（包括奖惩）、监督协议的实施、检查计划的绩效。Kroeger（2013）[9]认为最优 PES 设计的核心是条件性和目标性，但是如果缺乏适当的生态系统服务定义和相应的产出测度，难以进行成本效益分析；他构建了一个框架，用来界定条件性强度的成本效益水平，明确提高 PES 或其他生态服务项目成本效益的关键分析方法和数据。Sattler 等（2013）[75]以 PES 所涉及的 10 大类共计 32 小类特征为标准，对被公认为成功的美国和德国 22 个 PES 案例进行了多重分类，从中归纳概括出对 PES 成功有重要影响的一些共性特征：中介参与、政府角色的介入、契约时限、协同效益、参加自愿以及基于产出的 PES 设计等。

国内关于实施机制的研究主要集中在生态补偿制度的整体架构方面，万军等（2005）[56]、王金南和庄国泰（2006）[76]认为应建立多层次补偿系统，通过西部、重点生态功能区、流域和要素等生态补偿机制，因地制宜、突出重点、宽领域、多层次地实施补偿。俞海和任勇（2008）[22]指出中国生态补偿制度应涵盖定位、原则、目标、优先领域，法理及政策依据，补偿标准及依据，政策工具，管理体制和责任赔偿机制等内容。张金泉（2007）[77]认为必须建立起 ES 与物质产品之间等价交换的补偿机制，为生态修复者、建设者与破坏者、受益者构建虚拟市场和制度框架，实现不同生态功能区之间的合理分工与协调发展。孙新章和周海林（2008）[78]认为我国生态补偿制度中补偿主体、补偿标准和融资都不曾形成完整的方法、体系，需要通过加快立法进程、明确问题主次、加强关键问题研究、拓宽融资渠道来推动生态补偿制度的建设。马莹（2010）[59]认为激励相容性流域生态补偿制度的本质在于兼顾利益相关者及其联盟的利益诉求，具体包括协调利益矛盾、规范参与者行为、解决利益再分配问题，并指出该制度设计的关键是收益与履行责任匹配，采用成本加利测算补偿标准，将补偿成本合理分摊在上一级政府、上下游利益相关者和后代之间，并激励监管者履行监管责任。尚海洋等（2011）[60]认为生态补偿的制度分析通常可以从"结构—功能"和"手段—目标"两种分析维度展开，他们强调其他政策的调整、匹配与结合，同时发挥政府与市场的作用。国土开发与地区经济研究所课题组（2015）[79]提出区域间横向生态补偿制度要根据"受益者付费"，明晰补偿主体，依据"保护者受偿"，完善"四权（所有权、使用权、收益权、转让权）分置"的生态资源产权制度、明确补偿对象，以双边博弈和边际成本为依据确定补偿标准，综合公共政策和市场手段开发多元化补偿方式，以公开、公正、公平为原则，构建平等双向、多元参与的动态调整机制和评估监管体系。傅斌等（2019）[80]在分析山区生态补偿面临的长期性、空间异质性、利益关系复杂性等挑战的基础上，提出了应分类、分区、分级和分步推进山区生态补偿实践。

国内另一个研究重点是生态补偿主体行为，梁丽娟等（2006）[81]指出流域生态问题的根源在于流域利益主体间博弈的个体理性，建议构建诱导上游生态保护、迫使下游主动补偿的选择性激励机制，以实现集体理性，破解流域内生态问题。李镜等（2008）[82]应用博弈模型模拟了岷江上游退耕还林机制中不同主体的决策选择过程，发现政策效果与补偿额关系微弱，而与补偿年限、农民外出务工收入、本地第三产业水平关系密切。杨云彦和石智雷（2009）[83]构建南水北调水源区与受水区政府之间的博弈模型，分析纳什均衡条件下收益矩阵中参数变量的政策意义，提出了协调利益冲突、实现整体最优的路径和方法。曹国华（2011）[84]采用微分对策方法研究了流域生态补偿机制中地方政府的动态最优决策问题。李炜和田国双（2012）[85]构建主体功能区中受限区和优先发展区的博弈模型，分析其纳什均衡，认为优先发展区应支付补偿、受限区应生态保护。接玉梅等（2012）[86]采用双种群博弈模型分析了影响流域上下游合作演化方向的八种因素，确定了提高水源地生态补偿机制效应的途径和方法。徐大伟等（2013）[87]探讨了跨流域生态补偿的政府间逐级协商的机制。曹洪华等（2013）[88]构建生态补偿主体间的非对称演化博弈模型，研究了补偿过程的动态演化机制和其稳定策略。周春芳等（2018）[89]利用演化博弈模型对流域生态补偿上下游政府的策略选择进行了分析，结果表明，只有引入上级政府监督才能使流域下游政府做出最优策略。胡东滨等（2019）[90]构建引入"奖励—惩罚"机制的演化博弈模型探讨了流域生态补偿上下游利益主体之间的利益相关决策行为。潘鹤思等（2019）[91]构建保护地区政府和收益地区政府的演化博弈模型，剖析了未引入"约束—激励"机制和引入"约束—激励"机制两种不同情形下地方政府间的博弈决策行为。

2. 补偿标准研究

国外关于PES支付标准的早期研究认为应将一定的行为和投入作为付费标准（Sierra和Russman，2006；Robalino等，2008）[92][93]。但后来学者的研究多支持基于绩效的付费标准。Groth（2005）[94]研究发现绩效付费能提高经济效率和环境效益。Zilberman等（2008）[95]认为基于绩效付费有助于降低信息分布的不对称性，提高 PES 的成本效益；但是风险转嫁给了服务提供者，保护者可能索要一个风险溢价，又提高了付费额度。Zabel 和 Roe（2009）[96]讨论了绩效付费的经济理论，并且运用多个简洁阐述的土地案例说明和对比了四种不同的付费方法，他们发现，在全球各地都存在基于绩效付费的 PES 计划，然而其中许多规模都非常小。Zabel 和 Engel（2010）[97]分析了印度基于绩效野生动物保护计划的框架，该框架的基础是瑞典首先实施的、针对食肉动物保护的绩效付费计划，目标是将工业化国家的 PES 经验交流到发展中国家。Skutsch 等（2011）[98]强调 REDD（Reducing Emissions from Deforestation and Forest Degradation）的碳项目是基于绩效的 PES 计划。

国内生态补偿标准有"价值补偿"与"效益补偿"之争。陈钦和徐益良（2000）[99]指出价值是生产过程中消耗的物化劳动量与活劳动的体现，是资源配置水平、技术进步的函数；效益则取决于消费过程中的利用程度，基于生产过程的补偿只能是价值补偿，尽管价值评估有难以精确的缺憾，但以价值为生态补偿标准仍是有说服力的。吴水荣等（2001）[100]认为根据庇古理论，生态系统服务的价值为最佳补偿额。但由于生态服务系统价值化研究尚处于初级阶段，多数评估方法又并非直接基于生态补偿的目的，以现有价值评估结果作为补偿标准，既难以令人信服，又不能满足实际需要，因此学者一般以其作为补偿标准的理论上限，而非实际标准。毛显强等（2002）[20]认为应根据受偿主体保护行为的机会成本作为补偿标准。赵翠薇和王世杰（2010）[101]指出测算生态补偿标准多采用价值法、成本法和意愿调查方法，价值法虽由于其缺陷不具备作为补偿依据的可行性，但可作为标准的上限、下限可采用的成本法；在确定生态补偿标准所采用的成本法中，也经历了从直接损失成本核算演化为机会成本核算的过程。

特定生态补偿项目补偿标准的测算也是研究的热点，这方面的文献也非常丰富，国内外学者根据具体方法得到了不同的结论，本书在这里不再综述。

3. 运行环境研究

Engel 等（2008）[10]强调 PES 通常运行在已存在的各种管制措施背景中，此时重要的是厘清这些不同工具是互相补充还是相互冲突以及补充或冲突的程度。Wunder 和 Albán（2008）[102]认为即使弱强制力的管制也能降低源于不履约的预期收益，并通过增强参与动机、减少付费比例等方式对 PES 项目进行补充。Landell‐Mills 和 Porras（2002）[103]认为选择生态保护方式的关键不是以促进市场替代政府干预，而是如何形成市场、层级制度和合作系统的最优组合。Pagiola 和

Platais（2007）[104]研究也表明最近世界银行支持的 PES 项目已不再是独立的 PES 项目，而是把实施 PES 作为广泛政策或方法的组成部分。TEEB（2010）[105]描述了生态系统和生物多样性保护中应用的工具和措施，指出不同工具适用于不同情况，认为没有任何一个单一的政策能够适用于所有国家，政策制定者需要决定什么工具、方法最适合自己的国家以及当前的情况。亚洲开发银行（Asian Development Bank）（2010）[51]报告认为 PES 是生态保护系列政策工具的一种，要与其他互补政策一起使用，而不是完全简单的替代，该报告还指出，PES 设计必须辅之以有效的生态补偿行政管理机制、土地产权制度和土地使用制度等，同时充分利用现有各种产业政策和措施，可以通过生态移民政策、增加公共投资政策和农村区别发展政策来改变环境效益。Corbera 等（2009）[73]、Muradian 和 Rival（2012）[106]指出设计良好的 PES 有助于改善生态系统服务供给的经济效率与环境效益，但 PES 成功的关键在于整个制度环境的相互作用。Lewison 等（2017）[107]指出将社会经济和生态因素纳入 PES 项目实施中更有助于鼓励资源使用者保护生态系统。

国内关于生态补偿运行环境的研究多是强调从立法角度保障生态补偿的健康运行。孙新章和周海林（2008）[108]认为我国生态补偿制度中补偿主体、补偿标准和融资都未形成完整的体系，需要通过加快立法进程，推动生态补偿制度的建设。张术环和杨舒涵（2010）[109]从法的视角将生态补偿制度界定为生态补偿机制实现路径和框架内容的规范化、制度化，指出完善的生态补偿制度体系应该包括有关维护相关者利益、践行标准、政府行为，以及相关法律法规和司法程序等制度。黄润源（2011）[110]在考察国内外实践的基础上，提出我国生态补偿法律制度的立法模式、补偿方法和补偿标准三方面的完善措施，在立法方面强调规则内容的整合、立法层次的提高和多层次体系的构成等。尚海洋等（2011）[60]认为中国生态补偿制度应坚持法律政策框架下的项目运作，强调其他政策的调整、匹配与结合。严耕（2012）[111]指出我国法律没有确认公民的环境权益，生态环境母法缺失、现有立法层次较低，生态环境立法、执法中权责失衡现象严重，应尽快加以改善。史玉成（2013）[112]认为生态补偿应是有关"生态利益"的制度安排，从规范法学角度审视，生态补偿法律制度需要涵盖确定的法律关系主体、合理的权利义务配置、公平的补偿标准、可行的补偿方式及程序等内容。刘晓莉（2016）[113]认为现有草原生态补偿法律原则抽象、分布零散、缺乏可操作性，应从立法目的、补偿主体、补偿对象和补偿标准四方面进行完善。于雪婷和刘晓莉（2017）[114]认为我国草原生态补偿法制层面缺失，实施草原生态补偿法制化是牧区生态文明建设的必要保障。蓝楠和夏雪莲（2019）[115]在借鉴美国水源保护区生态补偿的基础上，提出了我国水源区生态补偿法律体系、资金来源、补偿标准、补偿方式等方面的完善措施。

# 二、激励机制研究综述

## （一）激励机制演化进展

随着经济学家对企业经济性质研究的深化，激励理论也逐渐发展起来，被广泛应用于各个领域并成为一个独立的经济学组成部分。激励理论中的代表性研究成果主要包括团队生产理论和委托—代理理论。

### 1. 团队生产理论

Alchian 和 Demsetz（1972）[116]提出了团队生产理论，从团队生产的视角阐释了企业如何组织内部不同成员之间的协同合作来实现产品生产，认为在生产过程中，每一个成员的行为选择都会对其他成员的生产率和产品的数量及质量产生影响，因此，企业的最终产品是所有成员协同合作和努力的结果。但是，因为每个成员的贡献是无法分割的，同时企业所有者也无法准确掌握所有成员的努力程度，从而无法按成员的真实贡献支付报酬，因此就产生了偷懒和"搭便车"问题。对于如何缓解这一问题，Alchian 和 Demsetz 认为可以让一部分员工负责对团队生产活动进行监督，这部分员工具有一定的剩余利润索取权和对其他人员的指挥权。

与 Coase 的交易费用理论相比，Alchian 和 Demsetz 的团队生产理论把对企业的研究重点深入到了企业内部的组织结构以及所有权安排等方面，不仅关注对财产权的分配，更关注企业生产员工的行为，更加具有现实意义。但是他们的研究也存在一定的缺陷，如他们认为企业员工都是同质的，每个人都可以作为监督者，企业所有者的选择仅取决于监督成本的大小，他们还认为应该将监督活动与生产活动分开，各司其职。

Holmstrom 和 Tirole（1993）[117]进一步探讨了团队生产理论的激励问题，认为如果企业团队中每个成员对产品贡献的不可分割导致了监督者占有利润的剩余索取权，那么对成员贡献度量的困难将会影响由谁来承担监督责任，这时所有权的作用就凸显出来了。与 Alchian 和 Demsetz 强调监督不同，Holmstrom 和 Tirole 认为激励比监督更重要。

Conner 和 Prahalad（1996）[118]以一个具体的公司企业为案例，分析了一种基于知识的企业团队生产伦理，认为个人团队合作的组织模式影响了他们对商务活动的应用，此外，他们还理论分析了公司之间的竞争与性能差异之间的关系。Stanwick P 和 Stanwick S 认为团队生产组织规模密切关系到个人对团队绩效的影响，他们认为在小规模团队生产组织内，个人对团队的影响较大，个人对团队绩效的影响也较大。因此对团队成员的激励强度要大。而随着团队生产组织规模的扩大，激励强度也随之下降[119]。

2. 委托—代理理论

Jensen 和 Meckling（1976）[26]系统研究了经理人少量持有该企业股份这一状态对经理人企业管理努力的降低效应，以及债务问题导致的过分冒险行为。两位学者重点关注了企业的所有人与经理人之间的契约安排导致的代理成本问题，以及在所有权与经营权两权分离情况下对管理者的激励问题，结果认为均衡的企业所有权结构是由股权代理成本和债权代理成本之间的平衡关系决定的。Conner 和 Prahalad（1996）[118]以一个具体的公司企业为案例，分析了一种基于知识的企业伦理，认为个人合作的组织模式影响了他们对商务活动的应用，他们对组织模式的选择进行了预测，确定了企业组织和市场契约是否会导致更多有价值的知识被应用到商务活动中去，当知识被应用到商务活动中，企业可以有效避免机会主义带来的成本问题。法马研究表明，劳动力市场会对契约的正式激励进行补充。并提出了经理劳动力市场工资调整解决经理激励问题应满足的三个一般条件：一是经理劳动力市场提供经理人当前或者前期的部分信息以揭示其企业管理的才能和行为偏好；二是经理劳动力市场能够通过经理人当期或者前期的有用信息调整经理人当期的工资，并能够据此调控该经理人的行为选择；三是调整经理人工资过程的相关权数足以解决与经理激励有关的任何问题[120]。

### （二）委托—代理视角下最优激励契约设计

20 世纪 70 年代以来，现代激励理论的兴起使得许多学者开始在委托—代理理论的框架下研究最优激励报酬契约设计问题，而对激励理论的贡献也主要集中在缓和逆向选择与道德风险上。下面对三种常见的激励契约进行梳理。

1. 最优线性激励契约

Holmstrom 和 Milgrom（1987）[121] 分析了最优线性激励契约的形式和性质，将该契约的形式表述为 $w = a + \beta(e + x + \gamma y)$，其中，$w$ 表示工资，$a$ 表示固定收入，$\beta$ 表示激励强度，$e$ 表示努力程度，$x$ 表示一个随机变量，$z = e + x$ 可以用来表示努力结果的指数，$y$ 表示一个消除噪声 $x$ 影响的指数，受努力程度 $e$ 的影响在统计上与 $x$ 相关。在 Holmstrom 和 Milgrom 的分析中，$e$ 和 $x$ 并不能被直接观察到，而只有 $z$ 能被观察到，$e$ 和 $x$ 的不同组合可以产生相同的 $z$。因此，报酬就是由两部分组成：一是基数固定收入 $a$；二是激励系数与 $z$ 和 $y$ 的变化乘积部分。在这样一种契约制度下，较高的业绩得到更多的报酬，而较差的业绩只能得到较少的报酬甚至受到惩罚，这种契约形式较容易被员工理解并激励雇员提高工作努力程度，减少偷懒等欺骗性活动。他们在此基础上讨论了最优线性契约设计中的信息提供原理、激励强度原理和监督强度原理。

随后，Holmstrom 和 Milgrom（1991）[122] 又对线性激励合同模型进行了扩展，提出了多任务委托—代理模型，认为当代理人从事的工作或者需要完成的任务不再是一项时，单一任务和目标的委托—代理模型得出的结论适用性必然较差。多任务或者多目标条件下，对代理人从事的任何给定工作的激励设计不仅要观察该任务或者目标本身，还要考虑其他任务合作目标。该模型为威廉姆森所提出的企业内部的"弱激励"问题提供了很好的解释。

2. 多代理人激励

在现实的管理过程中，作为代理人的管理者可能是多个人，因此学术界也形成了多代理人激励理论，较为经典的多代理人理论是基于"搭便车"行为、串谋行为、相对绩效与锦标赛制度、公平理论与报酬比较过程形成的四种理论脉络。

（1）"搭便车"问题。

解决"搭便车"问题的理论框架最早见于20世纪70年代，Ze 和 Poussin（1971）[123] 在公共经济学研究领域内发展了关于互惠规划内容的投票程序研究成果，提出了新的研究观点。Clarke（1971）[124]、Groves（1973）[125]、Groves 和 Loeb（1974）[126] 等学者进一步研究了"搭便车"问题，他们通过约束代理人学位偏好的方式，提出了一种新的能够实现激励相容的帕累托最优机制。20世纪80年代之后有更多的学者对"搭便车"问题的解决思路进行了研究，提出了新的方法，Holmstrom（1982）[127] 认为解决"搭便车"行为问题的一个重要方式就是打破传统的预算平衡，设计差异化的激励契约，对不同代理人实施不同的固定支付和激励支付；但是 Eswaran 和 Kotwal（1984）[128]的研究表明这种方法会产生新的问题，即合谋问题，委托人和一个代理人达成利益合作，损害其他代理人的利益。Mcafee 和 Mcmillan（1991）[129]通过构建线性激励契约的理论模型，尝试同时解决多个代理人的"搭便车"行为选择和逆向选择问题，以得到更一般化的策略选择。

（2）串谋行为问题。

Tirole（1999）[130]通过建立多个代理人的委托—代理模型，其研究结果表明代理人的串谋行为会给委托人带来额外的费用，还进一步讨论了目标不同的委托人之间的协调和冲突问题。Sappington（1983）[131]、Bester 和 Strausz（2001）[132]等学者对面向多个代理人的激励契约最优形式设计问题进行了研究，他们认为在具体的委托—代理实践中，委托人是可以观测到代理人的行为选择的，只是成本太高，但是不同代理人之间了解各自信息的成本相对较低，因此不同代理人就有动机结合起来即形成串谋，以损害委托人利益的形式获得超额收益，他们也提出了一种可行的改善思路，即利用不同代理人之间的竞争来降低信息不对称程度，从而减少串谋的可能性。

（3）相对绩效与锦标赛制度。

团队管理的实践经验表明经理人的报酬应该具有相对稳定性，不应因受到其他外部因素影响而轻易改变，这一重要结论给出的政策性含义就是相对绩效评估制度，也是通常所称的锦标赛制度。Holmstrom（1982）[127]通过研究认为企业所有者应根据经理人的相对绩效而不应该是绝对绩效的大小给予其报酬；Rey - Biel（2007）[133]也认为应按照锦标赛制度的设计思路，对经理人支付差异性的报酬以达到最大的激励效应；有学者还对代理人心理变量如同情和嫉妒等变化对锦标赛制度实施效果的影响（Grund 和 Sliwka，2005）[134]。尽管锦标赛制度和相对绩效评估制度能够发挥显著的激励效应，但还是有部分学者对此提出了质疑（Baker 等，1988；Gibbons 和 Murphy，1990）[135][136]，Bertrand 和 Mullainathan（2001）[137]通过研究表明在显性激励机制设计中很少使用锦标赛制度和相对绩效评估方法。

（4）公平理论与报酬比较过程。

Lazear（1989）[138]、Milgrom 和 Roberts（1988）[139]、Pfeffer 和 Langton（1993）[140]等学者都已经注意到同一组织及不同组织内部员工之间的报酬比较能够体现社会和谐与公平。Meyer（1997）[141]通过研究表明，当实施差异性报酬被认为是一种不平等现象而采用"一刀切"报酬制度时，大部分员工会选择消极怠工或者离职。刘兵（2002）[142]则将空闲时间同样定义为代理人的报酬之一，在相对绩效评估的分析框架下讨论了能够实现激励约束相容的最优激励合同的实施成本问题，提出来一种新的分析思路。Demougin（2003）[143]、魏光兴和蒲勇健（2006）[144]等学者讨论了锦标赛制度实施过程中的公平问题，认为公平理论在代理人报酬制定中具有重要作用。

3. 动态激励

委托—代理理论中激励机制的另一个演化发展脉络是对动态即跨期激励的研究，现阶段共形成三种理论。

（1）效率工资理论。

Solow（1979）[145]和 Salop（1979）[146]最早提出了效率工资理论，Stiglitz 等（1984）[147]则进一步研究了效率工资理论，提成了实现动态激励机制最优的办法，他们以劳动力市场为例给出了动态激励问题的解决办法，当代理人的工作表现不容易验证时，激励契约不能保证委托人可以得到利润的份额，就可以用威胁中止契约作为约束机制。这一理论对当今西方国家工资决定机制有着相当强的解释力，同时也为理解西方国家普遍持久的失业现象提供了理论依据（Yellen，1984）[148]。Saint‐paul（1996）[149]以文献评述的方式对效率工资理论研究脉络和研究进展进行了系统的总结和展望。

（2）棘轮效应理论。

"时间"是影响激励机制效应的一个重要因素，并且二者之间存在正相关。Gibbon（1992）[150]、Miller（1975）[151]认为随着激励合同执行时间的推移，激励合同会面临绩效标准提高的棘轮效应和成果增加的约束，他们认为解决棘轮效应负面影响的一种有效办法就是制定长期和短期内方式不同的激励契约，短期内委托人可采取高固定报酬比例、低激励性报酬比例的契约，而随时间的变化逐渐降低固定报酬比例，增加激励性报酬比例。

（3）声誉机制理论。

20 世纪 80 年代出现声誉机制理论更好地解释了"时间"在激励契约执行中的重要性，但与前两者理论不同的是，该模型的研究前提假设是委托人和代理人之间的交易是不断重复的。Fama（1980）[152]、Holmstrom（1982）[127]、Radner（1985）[153]和 Milboum（2003）[154]等学者在重复博弈模型框架下对声誉机制模型进行了系统的讨论，提出了许多建设性的意见。皮天雷（2009）[155]对西方的声誉理论进行了系统的梳理，从宏观和微观两个角度对声誉理论进行了评述，并得出对中国转型经济的启示。

黄金芳等（2010）[156]对激励理论的进展进行了梳理，王宗军等（2011）[157]对其设计的框架进行了补充和完善，对最优激励合约设计的理论发展进行了总结，如图2-1所示。

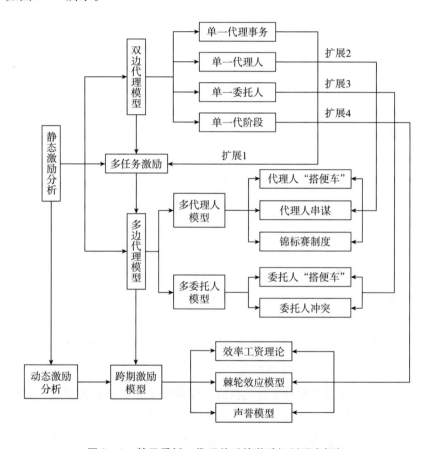

图2-1　基于委托—代理关系的激励机制研究框架

# 三、生态补偿转移支付及其激励机制研究综述

20世纪后半叶，资源环境与经济社会发展间的矛盾日益激化，可持续发展

逐渐成为世界各国的共识，环境经济学、生态伦理学、资源承载力等思想深入人心。在这种背景下，世界各国学者开始对环境保护和生态补偿问题进行全面研究。建立生态补偿机制已成为世界各国为保护生态环境而达成的共识，在生态补偿方式方面，国内外大多数学者将其分为政府补偿和市场补偿。其中，政府补偿包括转移支付、政策优惠等；市场补偿包括环境服务投资基金、流域付费机制、私人交易、生态标志等。在市场机制相对健全的发达国家，倾向于通过市场机制进行生态补偿；而大多数发展中国家更多的是选择政府补偿的方式，尤其是通过转移支付的形式进行生态补偿。生态转移支付的目的是通过财政拨款补偿生态富集地区因保护生态而承担的成本和因减少开发而造成的利益损失，但是其他地区同样承担着生态环保职责，因而这些地区也需要为保护生态环境或者无偿享有的生态效益提供补偿，也就是说，有必要依托横向财政转移支付和纵向转移支付的财政关系来提升生态环境保护的积极性（刘炯，2015）[158]。生态转移支付的研究集中在必要性、制度设计以及制度效果检验三方面，激励机制作为生态补偿转移支付实施机制的重要内容，也包含于制度设计研究中，国外对生态补偿转移支付激励机制的研究集中在政府和农户，以及农场主（企业）和农户间，国内关于生态补偿转移支付激励机制的研究还处在初级阶段，国家重点生态功能区转移支付激励机制的研究也逐渐兴起。

## （一）生态补偿转移支付研究

### 1. 生态补偿转移支付必要性研究

关于生态补偿转移支付必要性的研究，国内外学者都认为政府间（横向和纵向）的财政转移支付是一种内部化生物多样性保护所产生的利益溢出的恰当工具，是保护生态环境的重要措施。Bird 和 Smart （2002）[159]认为财政转移支付能够诱导地方政府支持和维护其领土内的水和自然保护区，同时能够提供超越其边界的更广泛的环境利益。Pagiola 等 （2003）[160]、Ring （2002，2008a，2008b）[161]-[163]等学者认为将生态指标用于从中央向地方重新分配财政资金的指标，是一种支持地方政府提供具有效益溢出的生态公共物品和服务的有效手段，尽管生态公共功能和生态指标在财政转移支付体系内被更广泛地认可仍需要一段时间。Caplan 和 Silva （2005）[164]认为生态补偿的最主要形式是政府间的转移支付，其实施形式是政府通过征收与生态环境保护和生态资源利用有关的税收作为转移支付资金来源，从而对生态环境保护行为进行补偿。Shah （2006）[165]、Dur 和 Staal

(2007)[166]等学者也指出从联邦到地方政府的财政转移支付可以有效地解决地方政府环境保护活动支出的外溢效应，有助于全国性环境项目的实施。Farley 等（2010）[167]认为转移支付是内部化生态环境服务外部性，保证地方生态服务供给的一种有效方式，而这种方式的思想是建立激励地方生态保护行为，实现生态资源的可持续利用的激励机制。Kumar 和 Managi （2009）[168]研究了印度为实现环境目标而制定的环境政策，认为地方政府之间责任承担和利益分配的不匹配是地方政府不能提供最佳环境服务的原因，并认为印度实施的横向财政转移支付是一种合适的补偿机制分配体系，有助于内化提供环境公共物品的外溢效应。Santos 等（2012）[169]认为许多国家都使用了财政转移来重新分配税收和各级政府的收入，而包括生态保护参数在内的财政转移可以更有效地保护生物多样性。Borie 等（2014）[170]通过探索财政转移对保护区政策的贡献，认为生态转移支付计划可以为保护生态环境提供一个有效的选择，以满足生物多样性保护与公平分配地方的金融资源。OECD （2005）[171]研究还发现政府间财政转移支付还可以补偿保护活动和由于土地使用限制所导致的发展成本，可以和缩小不同主体间的贫富差异结合起来。Jonah （2018）[172]认为基于绩效的 "REDD＋生态财政转移" 在很大程度上能促使各国政府保护和恢复森林。

国内学者对生态补偿转移支付必要性的研究主要是基于不同的视角从纵向转移支付必要性和横向转移支付必要性两个方面入手，也有学者认为应将横向转移支付与纵向转移支付相结合，共同发挥生态补偿转移支付对生态环境保护的积极效应。

在纵向转移支付必要性研究方面，谢利玉（2000）[173]认为生态效益是典型的公共产品，其本身具有的非排他性特征使得确定受益主体很困难，故应由国家财政予以提供者补偿。邢丽（2005）[174]在对建立中国生态补偿机制的财政政策研究中指出，中央政府设计和实施科学合理的生态补偿转移支付制度是实现地区间生态公共服务均等化的重要保障。王金南等（2006）[175]、王昱等（2010）[176]、余敏江（2011）[177]等学者认为生态转移支付有助于矫正地方政府以环境破坏换取经济增长的环境政策弊端，协调上下级政府间环境治理目标与利益的冲突，推进地方政府环境治理职能的归位。舒旻（2015）[178]认为实施中央对地方生态补偿转移支付是解决生态保护地方与生态收益地方财权事权差距的最直接手段，避免由于社会利益分配失衡所可能导致的社会风险和公共危机。

在横向转移支付必要性研究方面，田贵贤（2013）[179]认为中国现阶段的资源短缺、环境污染以及生态退化等问题迫切要求建立和完善生态补偿类横向转移支付制度。李齐云和汤群（2008）[180]指出生态环境具有显著的跨区域性，区域性生态服务的受益地区和保护区往往隶属于不同的行政区划，分属于不同级别的财政，因此，协调区域间生态与经济之间的关系十分复杂，破解这一难题的重要途径是建立基于生态补偿的政府间横向转移支付制度。李坤刚和鞠美庭（2008）[181]针对中国经济发展中出现的"反溢出效应"，根据生态足迹理论，认为经济发达的东部沿海地区应对较落后的中西部地区提供生态补偿资金。邓晓兰等（2013）[182]认为区域性生态补偿横向转移支付具有强化微观主体利益的信息激励、有效降低交易成本、提高资源的社会效益、增强地方政府的财政激励、提高生态补偿资金的使用效率等优势。因此，应从完善现行财政体制、强化中央政府职能等方面，建立生态补偿横向转移支付制度。杨晓萌（2013）[70]从重点生态功能区的角度分析了我国生态补偿转移支付的现状，指出现行转移支付制度下我国重点生态功能区划与地方财政差异度之间存在矛盾，建议我国可以尝试建立以生态补偿为导向的横向转移支付制度，作为现有纵向转移支付制度的有益补充。段铸等（2017）[183]认为横向生态补偿能够有效调整地区间的利益关系，促进生态保护的经济外部性内部化。王金南等（2017）[184]认为应建立横向生态保护补偿机制，调节生态环境密切相关但是彼此不具备行政隶属关系的区域间的利益关系。王德凡（2018）[185]认为目前单一的中央财政转移支付制度无法应对大规模的区域性生态环境保护问题，需建立以"生态补偿基金"为核心的区域政府间横向财政支付体系。

此外，还有学者认为要实现纵向转移支付和横向转移支付的有效结合，共同促进生态效益产出，张询书（2008）[186]在分析我国流域生态补偿存在问题的基础上，认为财政转移支付有助于实现功能区因保护生态环境而牺牲经济发展的机会成本和额外环境保护成本的补偿。其中，机会成本的补偿主要由中央一般财政转移支付予以补偿，而额外成本的补偿应由中央和地方政府的专项财政转移支付予以补偿。王璇（2015）[187]在对生态财政转移支付研究方法、研究内容、研究结论以及优化路径进行综述的基础上，提出应因地制宜地将横向转移支付和纵向转移支付相结合的政策，完善我国生态财政转移支付制度。

2. 生态补偿转移支付制度研究

（1）国外研究。

国外在生态补偿的转移支付方面实践较早，20世纪30年代，为了应对严重的沙尘暴和频繁发生的洪涝灾害，美国就已经开始实行退耕项目，退耕还林、退耕还草以保护生态环境或者利用经济手段引导农民休耕，对休耕或退耕农民加以补偿；20 世纪 80 年代，美国还实施了"保护性储备计划"，用以防止荒漠化；1985 年美国颁布的《食品安全法案》确立了目前仍在推行的长期退耕计划，在这些项目中都是政府支付资金购买生态效益，实行生态转移支付。经过几十年的发展，生态转移支付已被发达国家和发展中国家应用于各层次政府间和各种类型的生态补偿问题，国外对生态补偿的财政转移支付研究基本上集中在典型国家的案例研究上，这些国家根据自身的财政体系的不同设置了不同的转移支付制度，转移支付形式主要分为以巴西的生态增值税（ICMS – E）、葡萄牙的地方财政法（LFL – Law 2/2007，15th January）为代表的纵向生态转移支付和以德国各州政府之间的转移支付的生态横向转移支付。国外的生态补偿转移支付制度研究主要集中在资金分配设计方面，多数国家的生态财政转移支付资金分配方式就是将生态性指标纳入转移支付中来核算生态性转移支付的数额（Farley 和 Costanza，2010）[188]。但生态性指标的选取存在差异，具体来说主要有以下几种标准：

一是根据保护区面积分配生态补偿转移支付，May 等（2002）[189]对巴西的纵向生态转移支付进行了分析，认为保护单元的面积比例（CU）被大多数实行生态增值税（ICMS – E）的州作为分配生态转移支付资金的依据；Ring（2008a）[162]通过对德国财政均衡法实践经验的分析，认为德国政府间的生态转移支付同样按照保护区面积指标进行分配。二是根据生态环境质量及其影响因素分配生态补偿转移支付，Scherr 等（2004）[190]对墨西哥的生态补偿转移支付实施现状进行了分析，认为墨西哥的生态补偿的对象分为重要生态区和非重要生态区两类，并根据森林提供生态系统服务来确定补偿的标的，对重要生态区每公顷每年补偿 40 美元，对非重要生态区每公顷每年补偿 30 美元；Santos 等（2012）[169]对葡萄牙的生态转移支付案例进行分析，认为地方财政法（LFL）将财政能力和生态质量相结合确定了生态转移支付资金的分配标准。三是将保护区面积和生态环境结合起来作为生态补偿转移支付的分配标准，Köllner 等（2002）[191]研究了瑞士保护生物多样性的财政转移支付实施方案，认为每一时期财政转移支付应根据各州生态环境的具体情况进行动态分配，分配依据主要包括各州生物多样性和最小权重要求的资格、各州的大小以及其他影响生物多样性的结构性因素，同时最后也指出，财政转移还要与其他环境保护部门保护和增强生物多样性的政策相配合，实现最佳效应；May 等（2002）[189]、Farley 和 Costanza（2010）[188]的研究表明，巴西的巴拉那州也在 ICMS – E 的分配中加入了质量指标，巴拉那州使用两个因素来计算生物多样性保护系数：一个是数量因素，另一个是质量因素。前者是指保护单元占城市陆地面积的比例，后者是一个质量标准，其基于一些基本变量，如生态质量、水资源质量和保护单元在区域生态系统中的重要性、保护计划的质量、实施情况等，来评价保护单元的质量。Mumbunan 等（2012）[192]研究认为印度尼西亚的生态转移支付资金的分配是由各地方的人口、区域经济发展、生态质量等因素综合决定的。此外，也有部分国家采取其他方法分配生态转移支付，Hajkowicz（2007）[193]基于澳大利亚昆士兰州的一项调查，对自然资源管理中的资金（共计 1 亿 4660 万美元）的分配问题进行了研究，认为多重标准分析方法（Multiple Criteria Analysis Method，MCA）是实现环境基金财政均等化的一种有效的结构化分析方法，各地区可以因地制宜地制定最优的分配方式，并认为MAC 方法可能同样适用于其他地方。

在生态转移支付制度研究的其他方面，Schröter – Schlaack 等（2014）[194]认为，在生物多样性丧失和生态系统退化的背景下，欧洲需要更多的包含地方政府、城市和其他地方当局共同参与保育工作，他们建议欧洲实施或者引入新的生态财政转移支付（EFT）方案，从国家和地区政府间重新分配公共收入，保护欧洲的生物多样性。Santos 等（2015）[195]对葡萄牙生态补偿转移支付实施进行案例分析，认为生物多样性的保护政策应包括针对私人（欧洲农业环境措施）和针对地方政府（生态财政转移支付）在内的组合工具，并认为应将二者连接起来，以加强对生物多样性的保护。

（2）国内研究。

国内以生态补偿为名的生态补偿项目是 1983 年云南磷矿植被恢复治理的生态保护实践，以 1998 年的天然林保护项目和 1999 年的退耕还林项目的试点实施为标志，开始进入快速发展的阶段，这不仅表现为原有生态补偿项目覆盖地域的快速扩张，还表现为从中央到地方涉及的多种生态要素的生态补偿项目的出台和实施。刘春腊等（2013，2014）[196][197]对我国生态补偿的研究进展和研究趋势、省域差异和影响因素等进行了系统的梳理和总结。本书将国内生态补偿转移支付制度的研究同样按照资金来源分为纵向转移支付、横向转移支付以及二者相结合三类进行归纳：

国家重点生态功能区转移支付是我国纵向生态补偿转移支付的主要组成部分，也是现阶段研究的重点，关于国家重点生态功能区转移支付制度设计的研究主要包括：贾康（2009）[198]根据我国主体功能区战略规划，提出对不同区域的功能定位构建差异化的生态转移支付制度。宋小宁（2012）[199]通过借鉴巴西生态补偿性财政转移支付的成功经验，从生态环境类型定价、转移支付提供主体以及使用绩效与定价相结合三个方面对国家重点生态功能区生态补偿性转移支付提出政策建议。杨晓萌（2013）[70]分析了我国重点生态功能区转移支付的现状，认为在现行的转移支付制度下我国重点生态功能区划与地方财政差异度之间存在矛盾，建议我国可以尝试建立以生态补偿为导向的横向转移支付制度，作为现有纵向转移支付制度的有益补充。程岚（2014）[200]在对建设国家重点生态功能区的定位和目标进行分析的基础上，认为优化国家重点生态功能区转移支付制度的重点在于力求合理界定中央政府和地方政府权责、完善地方政府均衡性转移支付的制度与考核以及建立横向转移支付等方面。李国平和李潇（2014）[201]研究了国家重点生态功能区转移支付的资金分配机制，发现转移支付资金向财力较强、生态质量较好的地方倾斜，这与转移支付的政策目标相违背。卢洪友等（2014）[202]认为完善我国资源环境税费体系和生态补偿转移支付制度应从建立资源税费体系，实现税制绿色化、完善财力均衡与生态激励相结合的纵向生态补偿转移支付以及推广跨流域（区域）的横向生态补偿转移支付三方面着手。何立环等（2014）[203]围绕国家重点生态功能区转移支付资金绩效评估目标，确定了以县域生态环境质量动态变化值作为转移支付资金使用效果的评价依据，根据区域生态环境质量的基本表征要素，建立了以自然生态指标和环境状况指标为代表的评价指标体系。伏润民和缪小林（2015）[204]基于扩展的能值模型对生态环境溢出价值进行测算，并认为应将此作为国家重点生态功能区转移支付的确立依据。何伟军等（2015）[205]以武陵山片区部分县市区为例，剖析了国家重点生态功能区转移支付政策的缺陷，并从统筹双重目标、拓宽资金来源渠道、优化制度设计和考核、加强宣传和民众参与度方面提出了改进措施。刘璨等（2017）[206]以内蒙古自治区、甘肃省的5个国家重点生态功能区县（市）和2个省级生态功能区为例评估国家重点生态功能区财政转移支付政策成效，并根据财政转移支付资金测算分配不合理、转移支付力度不足等问题提出制度保障、技术保障和发展转型等政策建议。徐鸿翔和张文彬（2017）[207]以陕西省33个国家重点生态功能区为研究样本，分析了整体样本、高财政收入样本和低财政收入样本的生态补偿转移支付对生态环境质量指数的促进效应，结果表明转移支付对生态环境质量的改善起到了很重要的促进作用。

在横向转移支付制度设计方面，杜振华和焦玉良（2004）[208]认为我国区域或者流域间的横向转移支付生态补偿较少，他们认为德国横向转移支付操作模式也即建立区际间生态转移支付基金比较符合我国生态补偿现状，在流域间和区域间可以采用生态基金模式，从而实现横向生态转移支付。郑雪梅（2006）[209]在对生态转移支付制度的现实基础及理论依据进行分析的基础上，提出构建生态转移支付制度的重要性和基本思路，认为在构建区域生态转移支付制度时，转移支付的资金可以由生态系统服务的受益区的财政收入来拨付；而资金的分配应当考虑生态系统服务提供区的财力情况、生态外溢性、人口数量以及经济发展状况等。陶恒和宋小宁（2010）[210]基于国家主体功能区规划的视角，探讨了重点开发类和优先开发类主体功能区对限制类和禁止类主体功能区建设和机会成本损失进行补偿的横向转移支付制度。伍文中等（2014）[211]立足于建设国家财政均衡体系的视角，认为将我国已经有多次实践经验的对口支援中的一部分划拨到横向财政转移支付制度中去，并通过改进对口支援的实施为我国建立横向财政转移支付制度进行探索。白洁（2017）[212]以南水北调中线工程为例分析了京津地区对汉江中下游地区生态补偿横向转移支付制度的具体实践，对我国建立与完善生态补偿横向转移支付制度提出政策建议。王德凡（2018）[185]立足于外部性理论、公共产品理论，在探究构建横向财政转移支付制度必要性的基础上，构建以"生态补偿基金"为核心的区域政府间横向财政转移支付体系。

在纵向转移支付和横向转移支付相结合的制度研究方面，彭春凝（2009）[213]认为在完善生态补偿转移支付制度设计时应充分考虑我国的现实情况，首先要不断扩大我国转移支付中对生态环境的补偿力度；其次要从全局出发对我国生态转移支付制度的合理设置，加快推进纵向生态转移支付制度的改革；再次在实践的过程中探索实现生态补偿的有效机制，并重视对财政政策的横向生态补偿的构建；最后可以尝试在各级政府间成立专门的管理机构，对转移支付制度的实施进行有效的监督和管理。张冬梅（2012）[214]认为财政转移支付是完善民族地区生态补偿机制的最直接最有力的重要经济手段之一，完善民族地区生态补偿的转移支付策略应从引进相容的激励机制、增强纵向转移支付力度和建立横向转移支付制度三方面入手。孙开和孙琳（2015）[215]基于资金供给视角，在界定纵向和横向转移支付分工的前提下，基于"共担、共享"原则，将灰色系统理论引入费用分析方法之中，围绕补偿标准设计与转移支付制度安排，对进一步完善和规范流域生态补偿机制设计提供了政策建议。宋丽颖和杨潭（2016）[216]

在以纵向和横向为主导的两类转移支付政策对黄河流域环境治理进行效果分析的基础上，提出完善转移支付政策，将横向转移支付政策与纵向转移支付政策两种方式融合，建立省级政策平衡基金。

此外，还有学者从其他方面对生态补偿转移支付制度进行了研究，孔凡斌（2010）[217]认为我国完善生态补偿转移支付制度应主要从三个方面入手，即强化环境转移支付的预算管理、拓宽转移支付资金来源和厘清环境事权与责任。禹雪中和冯时（2011）[218]基于生态补偿转移支付推进方式和资金分配方法对各省的生态转移支付实践进行了比较分析。王军锋等（2011）[219]剖析河北省子牙河流域生态转移支付制度的基本思路、政策框架和监管体系等方面。杨卉和阿斯哈尔·吐尔逊（2011）[220]对我国少数民族地区——新疆的生态补偿制度建设问题进行了系统研究。

3. 生态补偿转移支付效果研究

关于生态补偿转移支付效果的研究，大部分学者的实证分析都证明生态补偿转移支付能够有效提高生态保护力度和生态环境质量，Grieg-Gran（2000）[221]实证研究了巴西 Minas Gerais 州和 Rondonia 州的生态财政转移支付政策 ICMS-E（生态增值税）的效果，发现转移支付的补偿和激励作用在两个州都获得了成功。May 等（2002）[189]则实证发现在 ICME-E 政策实施的十年间，巴西 Minas Gerais 州的保护区面积增加了 62.4%，巴拉那州的保护区面积增加了 165%。Ring 和 Schröter-Schlaack（2011）[222]进一步从 ICMS-E 政策实施的生态效果、成本节约效果和社会效果的角度全面分析了这项生态转移支付政策，认为 ICMS-E 政策不仅取得了良好的生态保护效果，还具有节约交易成本的效果。Locatelli 等（2008）[223]运用模糊综合评估法发现哥斯达黎加对北部森林实施的生态转移支付显著提高了森林覆盖率。Robalino 等（2008）[224]、Pfaff 等（2008）[225]通过比较同一地区在实施生态转移支付前后的森林砍伐率，评估哥斯达黎加保护计划的生态效应，认为该项生态补偿制度的实施提高了森林利用率。Alix-Carcia 等（2012）[226]通过比较实施生态补偿地区和不实施生态补偿地区的森林砍伐率，结果表明墨西哥森林保护计划产生了显著的生态效应。Mumbunan 等（2012）[192]对印度尼西亚的从全国到省级的现行生态保护财政转移制度进行分析发现，印度尼西亚约有三分之一的省份受益于新的转让制度和生态补偿转移支付，各省保护区面积比例增加。Irawan 等（2013，2014）[227][228]对印度尼西亚等国 REDD+ 项目的政府间转移支付（Intergovernmental Fiscal Transfer，IFT）进行研究，结果表明

IFTs 可以作为一种从国家层面到地方政府的分配 REDD + 收入的有效手段，这种手段对减少森林砍伐和森林退化、保护当地生态环境、提高可持续发展能力发挥了重要作用。Razzaque 等（2017）[229]以孟加拉国孙德尔本斯红树林保护区为背景，考察了森林生态系统服务，认为 PES 可以成为红树林管理中实现环境效益和社会效益的有效工具。

但是，也有许多学者的研究表明生态转移支付制度产生的生态保护效应非常有限，Ring（2002）[161]对德国的横向生态补偿转移支付效果进行了评估，认为那些容易显现效果的环境支出，如污染终端治理等增加显著，而难以直接显现绩效的支出如水土涵养、生物多样性等投入乏力。Sierra 和 Russman（2006）[230]对哥斯达黎加森林资源的生态补偿效率进行研究，结果表明，将生态补偿资金补偿给个人比补偿给地区的补偿效率要高得多。Sauquet 等（2012）[231]研究表明，自2000 年以后，巴西 Paraná 等州的生态保护区面积并没有增加，反而有四个市县退出了生态转移支付机会，将生态保护区恢复为农业经济区。Sauquet 等（2014）[232]进一步对巴西巴拉那等州的 ICMS－E 的有效性进行分析，认为地方政府相互作用下的固定比例 ICMS－E 会使地方政府间的生态保护行为存在空间战略关系，这将影响 ICMS－E 政策的生态保护效果。Marchand 等（2012）[233]利用巴西巴拉那州所有直辖市 2000～2010 年的数据为研究样本，利用空间贝叶斯 Tobit 模型对生态转移支付的效率进行了实证研究，结果表明这种生态补偿方式非常有效，可以以极低的交易成本保护生态资源，但是，潜在的空间负相关作用成为了保护生物多样性的障碍，这应引起决策者的注意。

国内学者对生态转移支付效果的研究主要集中在退耕还林转移支付效果检验方面，并且都认为退耕还林补偿对生态环境质量的提高发挥了重要作用。彭文英等（2005）[234]研究了黄土坡退耕还林对土壤性质的影响，认为黄土坡耕地退耕后，土壤有机质、速效养分增加，土壤结构得到改善，退耕对土壤性质产生了显著的正向影响。宋乃平等（2007）[235]以宁夏固原市原州区为例，研究了退耕还林、还草对黄土丘陵区土地利用的影响，认为退耕还林提高了林地面积，但草地面积变化不大，同时还提高了耕地的利用效率，对土地利用具有显著的正向影响。韩洪云和喻永红（2012）[236]基于重庆万州的调查数据，采用选择实验法，评估了退耕还林的环境改善价值，认为退耕还林给项目区带来了高达327048137.61 元/年的巨大的环境价值。姚盼盼和温亚利（2013）[237]对河北省承德市退耕还林工程综合效益进行了评估，认为承德市退耕还林工程的总生态效益为 582619.09 万元，生态效益主要以涵养水源和保持土壤肥力效益为主，二者占总生态效益的 80.84%。周德成等（2013）[238]以陕西安塞县为例，研究了退耕还林工程对黄土高原土地的利用和覆被变化，结果表明耕地先增后减，整体减少 38.4%，林地先减后增，增加了 4.36%。韩洪云和喻永红（2014）[239]基于重庆万州的农户调查数据进行实证研究，认为退耕还林工程显著提高了土地生产力，使小麦和玉米的单产增加了 20.9% 和 12.7%。肖庆业等（2014）[240]构建退耕还林工程综合效益评价指标体系，动态评价了中国南方 10 个典型县退耕还林工程综合效益，结果表明，经过 10 余年的退耕还林建设，森林覆盖率提高，生态效益明显改善。胡生君等（2014）[241]对干热河谷区退耕还林生态效益价值进行了评估，结果表明退耕还林工程产生了显著的生态效应。陈佳等（2015）[242]以陕西省 W 县退耕还林为例，对退耕还林效果进行评估，认为截止到 2014 年，W 县退耕还林面积累计达到 244.79 万亩，全县林草覆盖率由 19.2% 提高到 62.9%，土壤年侵蚀模数由每平方千米 1.53 万吨下降到 0.54 万吨，水土流失得到有效治理。杨柳英等（2018）[243]将耕地综合价值作为退耕还林效益的评价指标，以大田村为例，对比退耕前后耕地价值变化，结果表明，退耕还林前耕地的综合价值为 64.2396 万元，退耕还林后的综合价值为 99.2113 万元，退耕还林对土壤保持价值、固碳释氧价值的贡献较大，产生的生态效益对改善区域环境具有巨大贡献。张宏胜等（2018）[244]分析了贵州省退耕还林工程所取得的成效及当前实施现状，结果表明，退耕还林工程对贵州省生态环境改善和经济水平的提升起到了积极作用。

此外，还有学者对退耕还林转移支付其他方面的效应进行了评价，李桦等（2013）[245]以陕西省吴起县为例研究了退耕规模与收入的关系，认为退耕还林工程补贴政策对中低收入农户具有长期提高作用，而对高收入农户的影响具有阶段性。刘秀丽等（2014）[246]研究了退耕还林对农户福祉的影响，认为 2001~2011 年宁武县农户福祉从 36.61 增加到 40.40，增长率为 10.35%。卢悦和田相辉（2019）[247]利用双重差分倾向得分匹配方法研究了退耕还林对农户收入的影响，结果表明退耕还林政策对农户的财产性收入存在显著的正效应。

在其他生态补偿转移支付项目效果研究上，陈永正等（2006）[248]研究了天然林保护工程的生态产品溢出效应，认为天保工程产生了以防洪为首的巨大生态效益溢出，受益地区减少的防洪成本应作为补偿支付给保护区。郭玮和李炜（2014）[249]通过构建生态补偿评价指标体系，运用因子分析法评价了我国各省生态补偿转移支付效果，并探讨了各省生态补偿转移支付的内在特征。刘炯（2015）[158]以东部6省46个地级市的数据为例，实证研究了生态转移支付对地方政府环境治理的激励效应，结果表明"奖励型"和"惩罚型"两种不同激励方式产生了不同的效果，同时也表明我国现行的体制不利于生态转移支付激励效应的发挥。李国平等（2013，2014）[250][251]分析了国家重点生态功能区转移支付政策的分配依据、计算公式等，发现国家重点生态功能区的生态补偿效果不显著与国家重点生态功能区转移支付政策密切相关，实证分析了陕西省国家重点生态功能区转移支付对生态环境质量的影响，结果表明这种影响较为微弱。

### （二）生态转移支付激励机制研究

生态补偿是指通过一定的政策措施实现生态环境保护外部性的内部化，让生态保护成果的受益者或需求者支付相应费用；通过机制设计解决生态产品这一公共物品消费中的"搭便车"现象，激励公共物品的最优供给；通过制度创新解决生态投资者的合理回报，激励人们从事生态保护投资并使生态资本增值（沈满洪、杨天，2004）[252]。现阶段，如何提高生态补偿效率、更好发挥生态补偿激励机制的作用成为了进一步巩固和推动生态环境保护的重要课题。

1. 激励机制在生态环境领域的应用

（1）环境联邦主义（Environmental Federalism）。

根据 Musgrave（1959）[253]的观点，传统的财政联邦主义理论是关于公共部门职能和财源在不同层级政府间合理分配的理论，主张财政分权有助于提高社会福利。中央政府通过政治集中和向地方分权等方式对地方政府的行为进行约束和激励，并通过构建市场化竞争机制，达到帕累托最优，有助于促进区域经济增长（孙勇，2017；李涛等，2018）[254][255]。环境联邦主义（Environmental Federalism）可以看作是财政联邦主义的一个新兴分支，由于环境是一种具有显著非竞争性和非排他性特征的公共物品，市场机制无法从发达到产权不明晰状态下的环境规制有效性，对环境进行保护和管理被视作政府的基本职能之一。环境联邦主义探讨的主要是中央政府和地方政府之间环境保护的责权关系和环境治理职能合理分配问题，一般学者认为环境治理责任应由中央政府承担，由中央政府统一供给环境公共物品可以避免"公地悲剧"的发生。Banzhaf 和 Chupp（2012）[256]指出分权是解决环境污染的外部性所造成的"公地悲剧"问题的有效手段。张华等（2017）[257]指出环境分权对碳排放水平具有显著正向影响，中国式环境联邦主义应更多体现集权意志。李涛等（2018）[255]认为分权程度是决定环境公共物品供给质量的关键因素，对于跨地区溢出效应的环境污染，需要多级政府建立污染联防联控机制，中央—地方适度分权有利于雾霾治理，可以有效解决雾霾污染"公地悲剧"问题。

（2）政治晋升锦标赛（Political tournament）。

Baker等（1988）[258]首次提出了晋升锦标赛的概念，指出企业可以通过晋升锦标赛来强有力地激励员工产生更高的效率。周黎安（2007）[259]在认同中国式行政与财政分权是构成地方政府激励的重要来源的同时，从政治官员的晋升激励这一新的视角解释了地方政府的行为逻辑。政治晋升锦标赛理论认为地方官员的行为动机不仅包括追求预算最大化，还包括了政治晋升追求，解释了政治晋升是地方政府发展经济的动力之一。目前，以 GDP 为核心的绩效考核机制会导致地方政府为促进当地经济的快速发展、追求政治晋升而竞相降低环境标准，从而带来规制失灵与环境恶化的问题。面临紧迫的环境问题，政府部门在政绩考核体系中逐步加强了对环境绩效指标的考核，这一举措意味着其已经开始通过环保考核绩效激励来解决环境问题。张彩云等（2018）[260]认为环境绩效指标直接增强了地方政府间"竞相向上"的策略互动，合理的政绩考核和分权体系可以使环境治理向"良性竞争"的方向发展。赵倩玉（2018）[261]指出环境约束性考核制度的晋升激励可以起到减缓地区环境污染的效果，并随着考核力度的增强而增强。梁丽（2018）[262]认为中央政府为实现环境规制效益最大化，往往会制定激励与约束机制，以减少和避免地方政府的隐蔽手段，而晋升激励则是实现这一目标的重要手段。任丙强（2018）[263]指出制度化的晋升考核机制促进了地方政府的环境治理与保护，而财政激励制度对环境政策的执行具有一定的消极作用，中央应继续强化生态环保理念和绩效考核。

2. 生态转移支付激励机制的实证研究

Mathevet 等（2010）[264]和 Folke 等（2011）[265]认为生态转移支付是一种有效管理保护区的保护与发展的财政再分配方式，它可以提供直接的激励效应。但是由于政治体制的差异，国外关于生态补偿转移支付的研究更多的是集中在生态补偿政策、法规的分析以及效果的实证检验方面，还较少涉及转移支付契约的设计问题。国外生态补偿激励机制关注的热点是地主与农户私人之间的生态补偿（PES）激励契约问题，主要的研究成果包含两方面的内容：一是在生态补偿契约给定的条件下，关注在一个特定环境下契约的应用或者契约设计某一个主要方面（Ozanne 等，2001；Antle 等，2003；Crépin，2005）[266]-[268]；二是在生态补偿契约不给定的条件下，通过一系列菜单契约，对比不同的契约设计方案在克服生态补偿中逆向选择和道德风险问题的效果（Latacz－Lohman 和 Van der Hams-voort，1998；Ferraro，2008）[269][270]。

但也有部分学者关注了政府与地主（农场主）之间转移支付的激励契约设计问题。Smith（1995）[271]以美国土地休耕保护计划（CRP）为例，运用机制设计理论分析了成本最低的 CRP 的性质，认为三千四百万英亩的休耕土地成本每年不应超过 10 亿美元。Moxey 等（1999）[272]基于委托—代理模型，认为在隐藏信息和隐藏行动条件下，按投入土地面积计算转移支付补偿标准的方式能够实现最佳的真实自愿告诉机制（truth－telling mechanisms）；White（2002）[273]通过对 Moxey 等的模型的扩展得到了不同的结论，认为按投入成本计算转移支付补偿标准的契约更有效，按投入成本计算的生态补偿标准契约允许监管者设计一个相对简单的机制；但随后 Ozanne 和 White（2007）[274]通过数理模型分析认为，在存在道德风险和逆向选择条件下按投入土地面积和投入成本设计的农业环境政策契约的效果等同，二者在生态保护效果水平、补偿费、监测成本和检测概率确认等方面的效果一致，同时还得出在违规罚金可变条件下，最优的契约独立于农场主的风险偏好。

国内方面，对于生态补偿激励机制的探讨多围绕于流域、草原、森林等重要领域进行。梁丽娟等（2006）[81]指出为实现流域内的集体理性，需要通过选择性激励机制约束利益主体行为，并基于博弈论构建了流域生态补偿机制中的上游生态保护诱使机制和下游生态补偿迫使机制。马莹（2010）[59]指出只有兼顾各利益相关者及利益联盟的利益诉求，政府主导型流域生态补偿才能起到激励流域生态服务供给、提高流域生态质量的作用。刘灵芝和陈正飞（2010）[275]认为森林的公共产品特性决定了政府应是保护和引导森林发展的主体，面对成本和收益的不对称性，有必要建立生态补偿激励机制，达到环境和经济双赢，实现森林生态环境的可持续发展。韦惠兰和宗鑫（2014）[276]对牧民参与草原生态补偿项目的成本和收益进行了分析，并借助博弈模型指出草原生态补偿项目及配套政策设计需充分尊重牧民的利益，充分考虑其承担的经济利益损失和成本，以解决政府与牧民之间的激励不相容问题。李宁等（2017）[277]利用博弈论对流域生态补偿利益相关方决策行为进行了研究，认为为实现最优策略，需要引入中央政府干预，构建相应的激励约束机制。潘鹤思和柳洪志（2019）[91]通过构建保护地区政府和收益地区政府的演化博弈模型对比了引入中央政府"约束—激励"机制前后的演化均衡策略，认为未引入中央政府"约束—激励"机制的情况下跨区域生态补偿无法实现，引入"约束—激励"机制的情况下可以实现森林生态保护补偿的帕累托改进。李国志（2019）[278]指出森林生态补偿具有委托—代理性质，作为委托人的补偿主体和作为代理人的补偿客体的利益目标函数是不一致的，需要构建森林生态补偿的激励相容机制，以保障森林生态补偿机制有效运行。

国内方面，许多学者也从理论和实证的角度对生态转移支付典型过程——退耕还林工程的激励机制进行了详细研究。张俊飚和李海鹏（2003）[279]首次关注了我国退耕还林政策实施的激励不相容和不对称信息问题，指出这是我国退耕还林政策制度改进的方向。蒋海（2003）[280]认为退耕还林政策长期性的关键是形成农户的林业投资激励。徐晋涛（2004）[281]通过对信息不对称条件下的利润分成和采伐限额契约的分析，解释了国有林业企业普遍存在的超限额采伐的经济原因，实证验证了信息不对称将会导致超限额采伐和国有林资源增长率下降的假说。王小龙（2004）[282]通过构建双重"委托—代理"模型，对退耕还林实施中的激励不相容问题进行了研究，认为不对称信息条件下市场价格的冲击会导致退耕农户的自利性经营行为偏离社会生态目标，并以陕西退耕还林为例进行了经验分析，提出了政府规制的建议；刘燕和周庆行（2005）[283]从公共经济学理论视角分析了退耕还林中地方政府和农民的成本效益问题，认为中央政府忽视了地方政府的利益，加重了地方政府负担，同时对农户的补偿与其承担的成本相比明显不足，中央政府应加大对地方政府和农户的补偿，建立长效的生态补偿机制。在农户差异对退耕还林效果影响研究方面，李桦和姚顺波（2011）[284]、赵敏娟和姚顺波（2012）[285]基于农户生产技术效率视角进行了研究，分析了不同退耕规模农户的生产技术效率及其影响因素，并以陕西和甘肃等地为例，进行了实证研究，对退耕还林政策实施的效果进行了评价；万海远和李超（2013）[286]利用2009年退耕还林调查数据，对农户参与退耕还林项目决策的影响因素和意愿进行了研究，发现农户的收入水平、家庭规模、受教育程度和土地机会成本等是影响农户参与退耕还林意愿的主要因素。危丽等（2006）[287]采用多项任务"委托—代理"模型构建了关于退耕还林工程的中央政府与地方政府之间的双重任务"委托—代理"模型，并将土地资源禀赋因子引入模型中，分析了中央政府与地方政府在退耕还林工程实施过程中的最优激励合约。孔德帅等（2017）[288]从中央与区县政府之间的一般"委托—代理"模型出发，分析了构建相对绩效激励机制对改善考核激励效果、降低代理成本的作用，从而提升国家重点生态功能区转移支付政策效率。张炜和张兴（2018）[289]基于农户人力资本和生产效率异质性视角，构建理论框架分析退耕还林生态补偿机制对异质农户的激励效果。

# 四、研究评述及研究切入点

## （一）研究评述

### 1. 生态补偿研究评述

通过对国内外生态补偿研究综述可以发现，国外 PES 研究重点在于实施机制，对于理论基础及整体框架的研究相对较少；国内正好相反，生态补偿研究重在基本制度、补偿标准等方面而疏于实施机制的研究。出现这种现象的原因在于研究对象和范畴不同，国内关注的是生态补偿制度体系，国外研究的只是单纯的交易制度及其实施机制。研究对象和范畴不同的原因一方面在于国外 PES 研究将产权等基本制度作为限定因素来对待，而国内的产权结构除了所有权属清晰外，使用权、收益权等划分和匹配处于模糊状态，以此为基础的其他规则如付费原则、付费标准等也处在虚置和不确定情形中；另一方面在于相对于国外 PES，国内生态补偿在研究和实践方面都落后，还处在基本问题和基本理论的探讨和完善阶段。将 PES 理论和技术引入国内生态补偿研究中，特别是将实施机制的相关内容引入到我国的生态补偿中，不仅能够取长补短，为生态补偿的理论探讨带来新的启发，还可以有效提高我国生态补偿的效率。

关于生态补偿类型，国内研究从本质上明确了生态补偿政府与市场两种模式不同的作用机理，并对两种治理模式各自的优势、缺点和应用环境进行了不同程度的研究，尤其对政府模式中纵向和横向财政转移支付制度作了深层次的探讨。但在具体的实施机制特别是激励机制的研究讨论上存在一定的空白和进一步研究的空间。本书借鉴国外 PES 实施中的激励机制设计理论和方法，建立了分析我国生态补偿纵向财政转移支付激励机制的理论分析框架，并进行实证研究，为建立健全我国生态补偿转移支付激励机制提供了理论基础和实证经验。

2. 激励机制理论研究评述

作为经济学的一个重要分支，激励理论也逐渐纳入人的个体行为的研究中，与对人的研究进一步结合，并借助博弈论和信息经济学的发展取得了丰硕的成果。由于市场的竞争和企业内部的激励契约之间的回馈反应非常复杂，因此现代激励理论试图通过严密的逻辑推理和数理模型对人的行为和激励过程的回馈机制进行探讨。如今激励理论的成果已经被越来越多地应用于组织中的各个层面。

20 世纪 80 年代，契约理论开始引入到生态补偿激励机制的研究中，而现阶段对生态补偿方式研究最明显的趋势就是对信息问题的关注，采用激励机制即契约设计方式解决生态补偿的低效率问题已成为生态、资源、环境以及区域协调发展等诸多领域的研究热点。激励机制理论是本书研究生态补偿转移支付激励机制的另一个重要的理论基础，而将委托—代理理论引入我国政府主导下的生态补偿机制研究，建立健全政府生态补偿转移支付条件下的激励机制也是对委托—代理理论基本应用的一次扩展。

3. 生态补偿转移支付及其激励机制研究评述

关于生态补偿转移支付实施的必要性，国内外学者都认为这是一种非常有效的生态补偿手段，是一种内部化生态环境保护产生的利益溢出的恰当工具。关于生态补偿转移支付形式的研究，国外学者的研究主要集中在对巴西、葡萄牙、德国、印度以及印度尼西亚等国家实施的生态补偿转移支付（生态税）制度进行案例分析，主要分为以巴西和葡萄牙为典型代表的纵向转移支付（生态税）和以德国为典型代表的横向转移支付两种形式，纵向转移支付（生态税）的实施都是以法律的形式重新规定从中央到地方的财政收入，加大对环保地区的地方财政收入（或减免税收）；而横向转移支付同样是以法律的形式规定发达地区（生态受益区）对欠发达地区（生态保护区）的收入转移。国内生态补偿转移支付形式主要以纵向转移支付为主，生态补偿资金由中央政府支付，主要工程包括退耕还林工程、天然林保护工程以及近期才实施的国家重点生态功能区转移支付。

关于生态转移支付制度的研究，国外研究的焦点主要集中在生态转移支付资金的分配依据上，其分配依据主要可分为按保护区面积、生态质量以及二者相结合三种，研究成果较为丰富。国内研究的焦点主要集中在纵向和横向生态补偿转移支付的完善和设计上，不同的学者基于各自的案例和视角得出不同的方案和政策建议。

在生态转移支付效果的研究方面，国外学者的早期研究多数认为生态转移支付的实施对提高生态环境质量起到了促进作用，但当学者逐渐加入空间因素或者对效果进行细分时，发现生态转移支付的效果有时并不显著，有待进一步对转移支付政策进行优化。国内的生态转移支付效果研究主要集中在对退耕还林效果及国家重点生态功能区转移支付效果二者的研究上，对退耕还林转移支付效果的研究较为丰富并取得了大量的研究成果，大部分学者持积极观点，认为退耕还林补贴对我国的生态环境保护起到了主要作用，但对国家重点生态功能区转移支付的研究还处在初级阶段，学者的研究结论表明国家重点生态功能区转移支付对遏制当地生态环境质量恶化起到了重要作用，但还未达到预期目标。

对于生态补偿转移支付激励机制的研究，由于政治体制的差异，国外除部分研究政府对农场主（地主）的转移支付激励机制进行设计外，多数都集中在农场主（地主）和农户之间的私人激励契约设计方面，很少对政府间的生态补偿转移支付激励机制进行理论分析；国内对生态补偿财政转移支付激励的研究都停留在对现状描述和政策法规效果的分析上，对激励机制的研究一般着重于个案研究，属于实践经验总结与归纳时期，缺乏深入系统的理论推导和实证研究。

### （二）研究切入点

国外关于生态补偿转移支付以及生态补偿激励机制的研究为研究我国生态补偿转移支付激励机制提供了理论基础和文献支撑，而国内生态补偿转移支付的实施现状也为本书的研究提供了客观需求。通过对比国内外生态补偿激励机制、生态补偿转移支付方式以及我国生态补偿转移支付及其激励机制的研究文献和现状，笔者发现我国生态补偿中央政府激励机制存在的两主要缺陷就是生态保护激励不足和当地居民主体地位的弱化和忽视。这两个缺陷也是本书试图解决和改善的问题，以生态补偿转移支付的典型案例——国家重点生态功能区转移支付的实施为例，依据实施办法和现状并结合我国政府主导下的生态补偿缺乏激励机制的国情，系统深入地分析了生态补偿财政转移支付的激励机制。具体来说，研究切入点主要有两个：

一是中央政府和县级政府之间的激励机制研究。通过对《国家重点生态功能区转移支付办法》的分析可以发现，在国家重点生态功能区转移支付的使用方面，中央政府和县级政府之间存在生态补偿和生态保护的委托—代理关系，因此研究二者之间的激励机制是第一个切入点。关于二者之间的委托—代理激励机制，主要从静态和动态两方面进行研究，静态条件下主要关注信息状况对激励机制及其效果的影响，为中央政府在不同信息状况下的积累契约制定提供可选择的菜单；动态条件下关注长效激励机制和县级政府自身状况（经济水平、财政收入、人口、城乡差异以及产业结构等方面）变化对生态环境质量的影响。通过这两方面的研究完善中央政府和县级政府之间的生态补偿激励机制。

二是生态补偿政策对居民生态保护意愿和行为的激励机制。国家重点生态功能区转移支付的目标在于激励县级政府和当地居民保护生态环境，国家重点生态功能区转移支付的改善民生目标也暗含激励当地居民保护生态环境，Olson（2008）[290]通过两人博弈认为，高收入者比低收入者更愿意提供公共物品，而低收入者更倾向于"搭便车"，这个结论同样适用于国家重点生态功能区当地居民，即提高当地居民的民生水平，也会提高他们生态环境保护的积极性。伏润民和缪小林（2015）[204]的研究也认为激励当地居民保护生态环境也是国家重点生态功能区转移支付最终目标之一。当地居民是生态环境保护的最直接主体，但是其主体地位被弱化和忽视了，这不利于生态环境质量的保护和制度的公平。因此，本书的另一个研究切入点是建立健全生态补偿政策对当地居民生态保护行为的激励机制。通过分析生态补偿政策及其他因素对居民生态保护意愿和行为的影响，找出构建居民生态保护激励机制的政策建议。

# 第三章  生态补偿转移支付
# 激励机制理论分析

本章结合国家重点生态功能区转移支付实施办法的相关规定，理论分析了中央政府与县级政府间的行为选择策略以及生态补偿政策对当地居民生态保护意愿和行为的影响，构建了国家重点生态功能区转移支付激励机制理论分析框架。首先根据经典的委托—代理参数化模型，构建中央政府（委托人）和县级政府（代理人）之间的委托—代理模型，对不同信息状况下的委托、代理双方行为进行分析。其次构建中央政府（委托人）和县级政府（代理人）之间的双任务的共同代理模型，分析国家重点生态功能区转移支付中的动态委托—代理关系，并给出双方最优行为选择。再次分析生态补偿政策对当地居民生态保护意愿和行为的激励机制和效应，以求更好地发挥国家重点生态功能区转移支付的激励效应。最后提出理论分析框架，为实证研究提供统一的逻辑框架。

## 一、理论模型分析思路和环境描述

### （一）国家重点生态功能区转移支付激励机制理论分析思路

在委托人（中央政府）不能有效观察代理人（县级政府）的行为选择的情况下，有两类措施可以缓解"委托—代理"问题（Eisenhardt，1989；Verhoest，2005）[291][292]：一是中央政府投资建立监督系统（Monitoring Systems），通过不断收集代理人的行为信息，在生态补偿转移支付资金的分配与生态环境效益产出之间建立联系，并通过监督转移支付使用过程来提高生态环境效益产出。对于中央政府来说，尽管这一举措会导致其额外的成本，但确实能在很大程度上影响生态效益产出水平。二是实施激励制度，具体来说，就是基于生态环境效益产出分配生态补偿转移支付，这种将生态补偿转移支付配置建立在代理人生态环境效益产出基础上的契约安排是一种能够控制代理人行为、尽可能减少目标冲突的有效机制（Kivistö，2005，2008）[293][294]。值得注意的是，与监督系统不同，激励制度的实施并不必然会引致额外的成本。给定中央政府对县级政府生态环境保护的总投入，配置结构的变化就会对县级政府产生不同的激励效应，这也是本书所关注的焦点。更重要的是，给定其他条件不变，国家重点生态功能区的生态环境效益产出是由生态环境保护中的有效转移支付以及县级政府和当地居民的努力共同决定的。监督体制只能从合规性角度保证转移支付的合理使用，无法解决代理人的努力问题，而激励制度则可以从转移支付与努力投入两方面改善县级政府和当地居民生态环境保护的行为选择。因此，对县级政府和当地居民实施激励性的转移支付制度更有利于发挥转移支付的生态环境保护效应，这也是本书研究的主题。

基于本书的研究主题和目标，笔者从中央政府对县级政府的生态保护激励机制和生态补偿政策对当地居民的激励机制两个方面设计本书的分析框架，具体来说：

一是关注中央政府对县级政府的生态补偿转移支付激励机制，根据《办法》中的奖罚规定，从静态和动态两个视角进行研究。

首先，关注静态条件下信息状况对生态转移支付显性激励机制的影响。Ferraro（2008）[270]指出由于代理人会比委托人了解更多信息，使"委托—代理"关系存在道德风险和逆向选择问题，由此会产生信息租金。信息租金等于信息对称情况下与信息不对称情况下的委托人总效用之差，"委托—代理"研究的目标就是在利益冲突和信息不对称情况下设计一个最优契约，使得它既是激励可行的，又尽可能少付出信息租金。因此，第一个关注点就是在单一契约执行时期内即静态条件下，中央政府如何根据可观测的信息对县级政府进行奖罚即"显性激励机制"的设计问题。而主要工作就是通过对比信息不对称条件下和完全信息条件下生态转移支付激励效果，找出克服信息不对称产生的不利影响的政策建议。其次，关注动态条件下长期激励机制也即"隐性激励机制"的效应及其影响因素。在显性激励机制作用不明显的情况下，可以用"时间"来解决这一问题，也即建立长期的动态委托—代理契约。Rubinstein 和 Yaari（1983）[295]、Macleod（1988）[296]的研究结果表明，只要委托人和代理人之间存在长期或者重复的契约关系，即使外在的监督不存在，也会形成一个有效率的均衡。在长期的委托—代理关系中，中央政府可以相对准确地从观测到的变量值推断县级政府的努力水平，县级政府不可能用偷懒的办法提高自己的福利。因此，第二个关注点就是在长期契约执行时期内，也即动态条件下，中央政府如何在县级政府双重目标条件下实现激励其保护生态环境的"隐性激励机制"设计问题，而主要工作就是验证生态转移支付以及其他影响因素对生态效益产出的影响，并据此提出政策建议。

二是关注转移支付政策对当地居民生态保护意愿和行为的激励机制。

在我国实施的生态补偿项目中，生态补偿最直接的利益相关者——居民的利益诉求在各级政府及其职能部门自身利益和诉求的权衡中被边缘化、弱化。这种政府供给性制度普遍存在高度依赖行政权力的特征，一方面提高了制度的强制性和可执行性，但另一方面却也影响了制度的公平和效率、可接受程度以及直接主体参与的自愿性，衍生出相对较低的生态效益产出和效率问题。所以，在充分发挥地方政府主导作用的同时，还要充分发挥当地居民的主体地位和参与积极性，国家重点生态功能区转移支付的最终目标包含通过对当地居民的补偿来激励其保护环境，提高生态补偿转移支付的效率。因此，第三个关注点就是当地居民生态保护意愿对生态保护行为的影响，从行为选择视角分析生态补偿政策如何通过影响居民的生态保护意愿来激励其生态保护行为。主要工作就是分析其生态保护行为选择的影响因素，找出如何改善居民生态环境保护行为的激励机制和政策，从居民视角完善国家重点生态功能区转移支付激励机制。

**（二）国家重点生态功能区转移支付理论模型环境设定**

*1. 中央政府和县级政府间激励机制模型的环境设定*

通过《办法》的解读可以发现，中央政府和县级政府之间存在保护环境的委托—代理关系，这为本书的研究提供了基本的现实依据，本部分将这一关系模型化，为下文的理论分析提供现实基础和理论环境。根据《办法》的相关规定，假定国家重点生态功能区转移支付契约的委托人为中央政府，代理人为县级政府。中央政府委托县级政府进行生态保护，并提供激励性转移支付。根据中央政府和县级政府决策的时间顺序，本书给出一个完整的一阶段国家重点生态功能区转移支付实施过程，如图 3-1 所示。

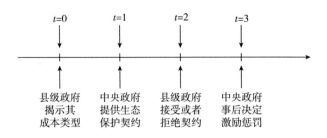

**图3-1 国家重点生态功能区转移支付契约实施过程**

在 $t=0$ 阶段，县级政府向中央政府揭示其生态保护成本类型，在 $t=1$ 阶段，中央政府根据县级政府的生态保护成本类型提供生态保护转移支付激励契约。在 $t=2$ 阶段，县级政府决定是否接受该契约，由于国家重点生态功能区设定以及转移支付的实施是一种强制性生态保护政策，县级政府必须执行，当然中央政府也会充分考虑县级政府的保留收益。因此，假设县级政府接受该契约。在 $t=3$ 阶段，中央政府对县级政府生态保护努力结果进行检查，并根据检查结果制定进一步的激励惩罚措施。

长期（动态）的转移支付激励机制并不是对这一实施过程的简单重复，还要考虑其他因素。在长期中，县级政府的目标或者任务不再单单是保护生态环境，还包含发展地方经济、提高公共基础设施等方面，因此，本书假设在长期中，县级政府的任务或者目标概括为保护生态环境和发展经济，这两个任务的委托人分别为中央政府和当地居民，中央政府委托其保护生态环境，当地居民委托其发展地方经济。

2. 政府和当地居民激励机制模型的环境描述

当地居民是国家重点生态功能区生态环境保护的最直接主体，国家重点生态功能区转移支付的最终目标是引导生态功能区政府和当地居民保护生态环境（伏润民、缪小林，2015）[204]。Olson（2008）[290] 通过两人博弈认为，高收入者比低收入者更愿意提供公共物品，而低收入者更倾向于"搭便车"，这个结论同样适用于国家重点生态功能区当地居民，即通过改善民生提高当地居民的民生水平，增强其生态环境保护的积极性。当地政府对居民生态环境保护的激励越大，其保护生态环境的意愿越强，也越有利于促使居民自觉保护生态环境，带动更多的人保护生态环境。因此，国家重点生态功能区转移支付的实施要充分考虑当地居民的生态保护意愿和行为，激励其生态环境保护行为，这同样是国家重点生态功能区转移支付激励机制研究所必须要考虑的问题。

就单一居民来说，他会通过对自身利益的思考，选择有利于自己的行为，但每一个居民都不是单独存在的，必然处在一个群体中，他的行为还会受到和自己面临相同处境的其他居民行为的影响，他们之间存在相互学习、认同和激励的效应。虽然他们之间的相互影响不能改变他们的私人利益和风险大小，但可以在潜移默化中改变思想和意识以及预期，从而间接影响他们的行为选择。如当一个群体中多数人都进行生态环境保护时，其他部分居民就会认为他们得到了更多的信息，能够通过保护环境获得收益，因此也会改变自己的行为选择，尤其是当环境保护的居民越来越多时，单个居民则会越发地相信保护生态环境是有利可图的。这种通过周边个体行为影响其他个体行为决策的现象就是所谓的"羊群效应"（Herding），这种效应可以用在生态环境保护中，通过"羊头"的行为带动群体行为，从而实现生态环境保护和永续利用的目的。下文的理论模型会通过一个数理模型来分析羊群效应在生态环境保护中的应用。

# 二、生态补偿转移支付静态委托—代理模型

静态条件下，委托人（中央政府）可以和代理人（国家重点生态功能区所在县级政府）签订一个共同分担风险和享受收益的激励合约，通过诱使代理人的效用最大化行为来实现委托人的效用最大化（Spence 和 Zeckhauser，1971；Ross，1973；Mirrless，1976）[297]-[299]。本部分主要分析静态（一期）时，不同信息状况下委托、代理双方的行为选择。

## （一）基本假定

### 1. 生产技术

县级政府提供生态效益产出为 $x$ 时，需要支付的成本为 $c(x, \theta)$，成本函数由两部分决定，一部分为固定成本 $F$，另一部分为可变成本，其中，可变成本取决于县级政府的生态效益产出和其边际成本系数 $\theta$，本书将边际成本系数 $\theta$ 分为两类：一类是生产技术、经验水平和积极性较高的县级政府，他能够通过较低努力就提供较多生态产出，将其边际成本系数记为低边际成本系数；另一类是生产

技术、经验水平和积极性较低的县级政府，其需要付出更多的努力才能提供与低边际成本县级政府相同的生态效益产出，将其边际成本系数记为高边际成本系数，字母表示为 $i = L,\ H$，并进一步假定县级政府边际成本为低边际成本系数 $\theta_L$ 的概率为 $v$，则其为高边际成本系数 $\theta_H$ 的概率为 $1 - v$。因此，可以得到边际成本系数不同的两类县级政府生产成本函数为：

$$c(q,\ \theta_L) = \theta_L q + F \tag{3-1}$$

$$c(q,\ \theta_H) = \theta_H q + F \tag{3-2}$$

本书假定 $\Delta\theta = \theta_H - \theta_L > 0$ 表示两类县级政府边际成本系数之差，在下文的分析过程中，不再讨论固定成本 $F$，假定其为 0。此外，需要指出的是，县级政府的边际成本系数为其私人信息，中央政府无法准确掌握。但县级政府边际成本类型的概率对县级政府和中央政府来说都是已知的。

2. 效用函数

中央政府作为社会公众的代表，其效用函数包含两部分：一是国家重点生态功能区所在县级政府提供的生态效益，生态环境产品是典型的公共物品，其具有较强的正外部性，基本上县级政府保护生态环境努力创造的生态效益产出会由全体公民享有，因此本书假设县级政府提供的生态环境价值由中央政府获得，假定生态效益函数为 $u(x)$，其满足 $u' > 0$、$u'' < 0$ 和 $u(0) = 0$，也即边际生态效益函数是正的，并且随生态环境产品数量的增加呈现递减的增长趋势。二是为县级政府保护生态环境所支付的转移支付补偿资金。因此，中央政府的效用函数可记为：

$$y(x_i,\ s_i) = u(x_i) - s_i \quad i = L,\ H \tag{3-3}$$

式中，$y$ 为中央政府通过国家重点生态功能区转移支付契约得到的净生态效益函数；$s_i$ 为中央政府为国家重点生态功能区所在 $i$ 县级政府提供的生态补偿转移支付。

县级政府的效用函数主要包含两部分：一是成本，包括固定成本和可变成本；二是承担国家重点生态功能区建设获得的转移支付。因此，$i$ 县级政府得到的效用函数为：

$$\pi_i = -c(x_i) + s_i \quad i = L,\ H \tag{3-4}$$

式中，$\pi_i$ 为县级政府 $i$ 通过承担国家重点生态功能区建设得到的总效用。

需要说明的是，尽管一直以来，政府一直在强调"绿水青山就是金山银山""自然环境是有价值的"，但是生态环境效益是一种公共物品，其正外部性很难实现内部化，因此县级政府保护生态环境行为的收益很少，甚至为 0，这也是县级政府缺乏生态环境保护积极性的最主要原因。鉴于此，在县级政府的效应函数中，本书假定县级政府承担了生态建设和环境保护的成本和禁限措施带来的发展损失，但除了获得中央政府提供的转移支付外，没有从国家重点生态功能区建设中获得效益，这部分效益全部为社会公民的代表——中央政府获得。

3. 激励合同

在单一时期内，县级政府提供的生态效益产出是固定的、不连续的，因此这里 $x$ 被定义为一个具体的数值，而在长期中，县级政府提供的生态效益产出必然是一个连续的范围值，长期形式将在动态条件下进行分析。

假定中央政府根据国家重点生态功能区所在县级政府提供的生态效益产出 $x$ 决定转移支付额度 $s$，因此，两类县级政府获得的国家重点生态功能区转移支付激励契约应为 $\{x_L, s_L\}$ 和 $\{x_H, s_H\}$。

## （二）完全信息条件下的委托—代理模型

完全信息条件下，中央政府掌握国家重点生态功能区所在县级政府的边际成本信息，可以根据县级政府的生态保护成本补偿县级政府，这是一种理想状态。现实中是不存在完全信息状态的，但完全信息条件下的生态补偿契约是分析不完全信息条件下生态补偿契约设计的理论参照，这里先对完全信息条件下的模型进行分析。

完全信息条件下，中央政府最优的生态补偿支付仅需要等于县级政府生态保护的成本，本书将其称为无差异支付。基于中央政府的角度，生态补偿要解决的问题就是给予不同类型的县级政府相应的生态补偿，实现生态效益最大化，公式可表示为：

$$\underset{x,s}{Max}\ y = v\left[u(x_L) - s_L\right] + (1-v)\left[u(x_H) - s_H\right] \tag{3-5}$$

$$s.t.\ \ s_L \geqslant c(x_L) = \theta_L x_L \tag{3-6}$$

$$s_H \geqslant c(x_H) = \theta_H x_H \tag{3-7}$$

式（3-5）为中央政府最大化生态效益的目标函数；式（3-6）和式（3-7）分别表示低边际成本县级政府和高边际成本县级政府的参与约束条件，中央政府对县级政府提供的生态补偿正好等于无差异的生态补偿。

建立拉格朗日方程：

$$L = v[u(x_L) - s_L] + (1-v)[u(x_H) - s_H] - \mu[c(x_L) - s_L] - \lambda[c(x_H) - s_H]$$
$$(3-8)$$

式中，$\mu$、$\lambda$ 为拉格朗日因子。下面以高边际成本县级政府的生态补偿契约为例进行说明，找出完全信息条件下的最优契约。最优生态补偿契约的一阶条件为：

$$dL/dx_H = (1-v)u'(x_H) - \lambda\theta_H = 0 \qquad\qquad (3-9)$$

$$dL/ds_H = -(1-v) + \lambda = 0 \qquad\qquad (3-10)$$

$$dL/d\lambda = c(x_H) - s_H = 0 \qquad\qquad (3-11)$$

通过式（3-11）可以看出，$s_H = c(x_H) = \theta_H x_H$，最优的生态补偿契约提供的生态补偿支付正好等于县级政府的生态保护成本。通过式（3-2）、式（3-9）和式（3-10）可知 $(1-v)u'(x_H) = \lambda\theta_H$，$1-v = \lambda$，也即存在 $u'(x_H) = \theta_H$。完全信息条件下两种边际成本类型县级政府的等效用曲线和最优生态补偿契约如图 3-2 和图 3-3 所示。

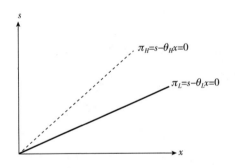

**图 3-2　两类县级政府的等效用曲线**

由图 3-2 可以看到，县级政府提供的生态效益产出越大，其获得的转移支付越多，同时，由于存在 $\theta_H > \theta_L$，因此，高边际成本县级政府的等效用曲线斜率高于低边际成本县级政府等效用曲线的斜率。

完全信息条件下的最优生态补偿契约如图 3-3 中的 $(A^*, B^*)$ 点所示。$A^*$ 点和 $B^*$ 点是中央政府无差异收益曲线和两类县级政府等效用曲线的交点，也即 $u'(x_L) = \theta_L$ 和 $u'(x_H) = \theta_H$ 时的两点。

通过上述分析，可以得到以下结论。

结论 1：在完全信息条件下，中央政府为不同成本类型县级政府提供的生态补偿转移支付的边际收益与该县级政府生态保护的边际成本相等，此时的生态转移支付契约能够实现帕累托最优和生态补偿资金的最有效利用。

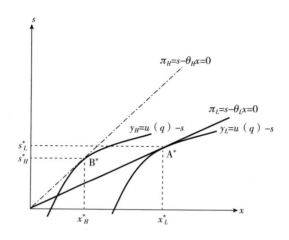

图 3-3　完全信息条件下最优生态补偿契约

### （三）不对称信息条件下共同代理模型

在不对称信息条件下，中央政府不能准确区分县级政府的边际成本类型，低边际成本的县级政府有激励为获得信息租金而将其边际成本类型伪装为高边际成本。因此，生态补偿契约 $\{x_L, s_L\}$ 和 $\{x_H, s_H\}$ 要能够诱使它们透露自己的类型，减少信息租金。此时的最优契约具有两个特征：一是激励不同边际成本类型的县级政府都积极参与；二是激励两类县级政府提供真实信息。这两个特征是不对称信息条件下国家重点生态功能区转移支付最优契约的参与约束条件和激励相容条件。

不对称信息条件下国家重点生态功能区转移支付最优契约的参与约束条件与信息对称条件下生态保护的最优契约的参与约束条件相同。不对称信息条件下国家重点生态功能区转移支付最优契约的激励相容条件：为了确保低边际成本的县级政府选择为其设计的生态补偿契约，中央政府必须对低边际成本县级政府选择高边际成本县级政府契约所获得的额外净收益进行补偿，低边际成本县级政府相对应的激励相容条件为：

$$s_L - \theta_L x_L \geq s_H - \theta_L x_H \tag{3-12}$$

式中，$s_H - \theta_L x_H$ 为低边际成本县级政府选择高边际成本县级政府生态补偿契约的收益，前者大于或者等于后者表明低边际成本县级政府选择中央政府为其制定的生态补偿契约的收益不低于其选择高边际成本生态补偿契约获得的收益。

同理，高边际成本县级政府对应的激励相容条件为：

$$s_H - \theta_H x_H \geqslant s_L - \theta_H x_L \qquad\qquad (3-13)$$

式中，$s_L - \theta_H x_L$ 为高边际成本县级政府选择低边际成本县级政府生态补偿契约的收益，前者大于或者等于后者表明高边际成本县级政府选择中央政府为其制定的生态补偿契约的收益不低于其选择低边际成本生态补偿契约获得的收益。

中央政府设计的生态补偿契约要让县级政府接受，还必须满足参与约束条件，即：

$$s_L - \theta_L x_L \geqslant 0 \qquad\qquad (3-14)$$

$$s_H - \theta_H x_H \geqslant 0 \qquad\qquad (3-15)$$

此外，由式（3-12）和式（3-13）可知，不完全信息条件下的生态补偿契约还必须满足单调性约束：$x_L \geqslant x_H$。

上述分析表明，在不对称信息条件下，国家重点生态功能区转移支付生态补偿最优契约将包括四个约束条件，即式（3-6）、式（3-7）两个参与约束条件和式（3-12）、式（3-13）两个激励相容条件。因此，在不对称信息条件下，包含所有参与约束和激励相容条件的中央政府生态效益最大化问题表达式变为：

$$\mathop{Max}_{x,s} y = v\big[u(x_L) - s_L\big] + (1-v)\big[u(x_H) - s_H\big] \qquad\qquad (3-16)$$

$$s.t.\ s_L \geqslant c(x_L) = \theta_L x_L$$

$$s_H \geqslant c(x_H) = \theta_H x_H$$

$$s_L - \theta_L x_L \geqslant s_H - \theta_L x_H$$

$$s_H - \theta_H x_H \geqslant s_L - \theta_H x_L$$

但是，与完全信息条件下中央政府能够准确区分县级政府边际成本类型不同，在不完全信息条件下，低边际成本的县级政府存在模仿高边际成本县级政府行为的激励，在这种条件下，低边际成本县级政府能够获得信息租金，信息租金可表示为：

$$s_H - \theta_L x_H = s_H - \theta_H x_H + \Delta\theta x_H = \tau_H + \Delta\theta x_H \qquad\qquad (3-17)$$

可以看到，当信息不对称条件下高边际成本县级政府的效用水平仍与完全信息条件下的效应水平相当，也即当 $\tau_H = s_H - \theta_H x_H = 0$ 时，低边际成本县级政府的信息租金为 $\Delta\theta x_H$。因此，只要存在 $x_H > 0$，中央政府则必须支付给低边际成本县级政府正的信息租金 $\Delta\theta x_H$。信息租金来源于县级政府相对于中央政府的信息优势，而不完全信息条件下，中央政府的另一个目标是降低信息租金。在下文的分析中，本书假定高边际成本和低边际成本县级政府的信息租金分别为 $\tau_H = s_H - \theta_H$ 和 $\tau_L = s_L - \theta_L x_L$。

将信息租金的定义引入中央政府的目标函数和县级政府的参与约束条件以及激励相容条件中，最终可得到不完全信息条件下中央政府的最优化问题为：

$$\mathop{Max}_{(x_L,\tau_L),(x_H,\tau_H)} \quad y = v\left[u(x_L) - \theta_L x_L\right] + (1-v)\left[u(x_H) - \theta_H x_H\right] - \left[v\tau_L + (1-v)\tau_H\right]$$

$$(3-18)$$

$$s.\,t.\ \tau_L \geq 0$$
$$\tau_H \geq 0$$
$$\tau_L \geq \tau_H + \Delta\theta x_H$$
$$\tau_H \geq \tau_L - \Delta\theta x_L$$

式（3-18）的目标函数是指中央政府要实现社会生态价值的最大化，目标函数右侧第一项和第二项为预期的分配效率，而第三项表示预期支付给县级政府的信息租金。

接下来对式（3-18）进行求解，在求解之前可以先对式（3-18）的约束条件进行简化。本书认为低边际成本县级政府的参与约束和高边际成本县级政府的激励约束是恒成立的。首先考虑低边际成本的县级政府模仿高边际成本县级政府的情形，低边际成本县级政府模仿高边际成本县级政府的行为暗含了低边际成本县级政府的参与约束条件 $\tau_L \geq 0$ 是能够严格满足的；同时，事实上，式（3-18）中的两个约束条件 $\tau_H \geq 0$ 和 $\tau_L \geq \tau_H + \Delta\theta x_H$ 也就暗含了约束条件 $\tau_L \geq 0$ 恒成立。其次，高边际成本县级政府的激励约束也是多余的，将低边际成本县级政府的激励相容条件代入高边际成本县级政府的激励相容条件中并经过整理可以得到 $x_L - x_H \geq 0$，这与生态补偿契约必须满足单调性约束 $x_L \geq x_H$ 相同，因此可以认为高边际成本县级政府的激励相容条件恒成立。

因此，简化之后的最优化问题的约束条件只有两个，也即低边际成本县级政府的激励相容约束条件 $\tau_L \geq \tau_H + \Delta\theta x_H$ 和高边际成本县级政府的参与约束条件 $\tau_H \geq 0$。同时，本书也可以得到在中央政府实现生态效益最大化条件下，这两个约束条件都是紧的，也即等号成立，因为如果等号不成立，那么中央政府可以通过降低对县级政府的信息租金而仍然得到相同的结果，这就与中央政府支付最低状态相矛盾，因此，必然存在：

$$\tau_L = \Delta\theta x_H \tag{3-19}$$

$$\tau_H = 0 \tag{3-20}$$

将式（3-19）和式（3-20）代入式（3-18）的目标函数中，可以得到新的目标函数为：

$$\underset{x_L, x_H}{Max}\, y = v\left[u\left(x_L\right) - \theta_L x_L\right] + \left(1-v\right)\left[u\left(x_H\right) - \theta_H x_H\right] - \nu\Delta\theta x_H$$

与完全信息条件下的最优函数相比，不完全信息下的目标函数增加了一项，也即中央政府必须对低边际成本的县级政府支付信息租金以防止其模仿高边际成本县级政府的行为，因为低边际成本县级政府可以通过模仿高边际成本县级政府的行为获得同样的额外收益[①]。同时，低边际成本县级政府获得的信息租金仅仅依赖于高边际成本县级政府的生态环境产出。

中央政府目标函数中的信息租金与低边际成本县级政府的生态环境产出无关，不完全信息条件下中央政府生态效益最大化时，低边际成本县级政府次优（second-best，SB）的生态环境产出与完全信息条件下的最优式的生态环境产出相同，也即存在：

$$u'(x_L^{SB}) = \theta_L \text{ 或者 } x_L^{SB} = x^* \tag{3-21}$$

因此，生态效益函数最大化时，高边际成本县级政府的生态环境产出为：

$$(1-\nu)\left[u'(x_H^{SB}) - \theta_H\right] = \nu\Delta\theta \text{ 或者 } u'(x_H^{SB}) = \theta_H + \frac{\nu}{1-\nu}\Delta\theta \tag{3-22}$$

式（3-22）阐释了在次优的最优化模型中，不完全信息条件下配置效率和信息租金提取二者之间的均衡。

总之，在不完全信息条件下，低边际成本县级政府的生态环境产出与完全信息条件下相同，不存在扭曲现象，也即 $x_L^{SB} = x^*$，而高边际成本县级政府的生态环境产出却存在扭曲，也即 $x_H^{SB} < x_H^*$。只有低边际成本县级政府才能获得信息租金，其大小也仅取决于高边际成本县级政府的生态环境产出，也即 $\tau_L^{SB} = \Delta\theta x_H^{SB}$，同时，两类县级政府获得的生态补偿转移支付分别为 $s_L^{SB} = \theta_L x_L^* + \Delta\theta x_H^{SB}$ 和 $s_H^{SB} = \theta_H x_H^{SB}$。

---

① 低边际成本县级政府模仿高边际成本县级政府是存在信息不对称的，但这不是本书的研究重点，本书的理论分析旨在说明中央政府与县级政府之间的信息不对称造成的影响是低边际成本县级政府模仿高边际成本县级政府，未对县级政府之间的信息状况进行深入研究。

仍然用图形的形式对不完全信息条件下的两类县级政府的次优生态环境产出进行表述。首先，可以看到，完全信息条件下的最优契约（A*，B*）在不完全信息条件下不再是激励相容的，我们需要重新构建一个激励相容的生态补偿契约（B*，C），也即在低边际成本县级政府生态环境产出不变的条件下（$x_L^*$），给予其更高的转移支付。如图 3-4 所示，可以看到，低边际成本县级政府的生态补偿契约 C 是指低边际成本县级政府的效用无差异曲线向上平移经过高边际成本县级政府的最优契约 B* 的直线与 $x_L^*$ 相交的点。此时的（B*，C）是激励相容的，低边际成本县级政府获得的信息租金为 $\Delta\theta x_H^*$。

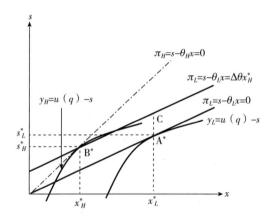

图 3-4　包含信息租金的次优生态补偿契约

通过分析同样可以得到一个结论。

结论 2：在中央政府不能完全掌握县级政府生态保护信息的条件下，低边际成本县级政府为获得额外的生态补偿转移支付（信息租金），会谎报生态效益产出，此时生态补偿转移支付契约是次优的，中央政府需要支付信息租金，低边际成本县级政府获得高于实际成本的转移支付，而高边际成本县级政府获得的转移支付不变。

# 三、生态补偿转移支付动态委托—代理模型

前文分析了静态条件下中央政府对两类县级政府的转移支付，但是，在静态

条件下，中央政府为激励县级政府选择符合其预期的生态保护行为时，必须根据可观测的结果对县级政府进行奖励和惩罚，此时的激励机制是"显性激励机制"，但是，当县级政府的行为很难甚至无法证实时，显性激励机制很难产生效果。在没有显性激励机制的情况下，可以用"时间"来解决这一问题，即建立长期的动态委托—代理契约。

在长期中，县级政府除考虑保护生态环境的任务外，还要考虑发展经济的任务，也即此时中央政府对县级政府委托的任务有两个——保护环境和发展经济，实际上，省级政府和市级政府对县级政府的任务委托也包含这两部分内容，但《国家重点生态功能区转移支付办法》主要考察了中央政府对县级政府的任务委托，因此这里仅考虑中央政府与县级政府之间的委托—代理问题，其他上级政府和县级政府之间的委托—代理关系与之相似，这里不再详细分析。本书假设中央政府不同的部门委托不同的任务。将中央政府分为委托人1[①]和委托人2，委托人1委托环境保护的任务，委托人2委托发展经济的任务。以便分析在长期中地方政府的行为选择。

### （一）基本假定

1. 产出水平假定

假设中央政府中负责环境保护部门为委托人1，其委托任务为生态环境保护，中央政府中负责经济发展的部门为委托人2，其委托任务是促进地方的经济发展，提高居民生活水平。县级政府是代理人，县级政府掌握两种资源：一是自身的努力水平（包括政府投入的精力和其他的一般性财政投入）；二是中央政府提供的国家重点生态功能区转移支付。县级政府在生态环境保护和地方经济发展的双重任务上分配这两种资源，每一个任务都产生一个可测量的结果[②]。

中央政府获得的生态效益函数为：

$$y_1 = e_1 + s_1 + \varepsilon_1 \tag{3-23}$$

其中，$e_1$表示县级政府投入到生态环境保护上的努力，$s_1$表示县级政府投入到生态环境保护上的中央政府提供的国家重点生态功能区转移支付份额，$\varepsilon_1$表示

---

① 委托人1是以国家环保部为主要责任主体、包括林业部和国土资源局等相关部门以及其他涉及环境保护责任的司局单位。

② 虽然公共部门的产出在现实中难以度量，但如果从增进社会效用的角度理解，理论上仍存在着一个客观的产出值。

其他影响生态环境产出的随机影响因素，假定其服从正态分布，即存在 $\varepsilon_1 \sim N(0, \sigma_1^2)$。

当地居民获得的经济发展效益函数为：

$$y_2 = e_2 + s_2 + \varepsilon_2 \tag{3-24}$$

其中，$e_2$ 表示县级政府投入到发展地方经济上的努力；$s_2$ 是县级政府转移到发展经济上的国家重点生态功能区转移支付份额，上文中提到国家重点生态功能区转移支付确立标准是县级政府财政收支缺口，其目标同样是保护环境和改善民生，而非专门用来保护生态环境的，因此，县级政府可以将其用在发展经济（改善民生）上；$\varepsilon_2$ 表示其他影响地方经济产出的随机影响因素，假定其服从正态分布，即存在 $\varepsilon_2 \sim N(0, \sigma_2^2)$。

此外，假设二者产出的波动的协方差为 $\sigma_{12} = 0$，也即保护生态环境和发展地方经济的任务产出分布相互独立。

需要指出的是，$e_i$ 和 $s_i$（$i = 1, 2$）仅仅在函数形式上可分，实际中只有县级政府能够观察二者的投入量，中央政府和当地居民仅能观察到作为产出的结果。

2. 激励契约

委托人 1 和委托人 2 分别单独地向县级政府提供激励合同。其中，由于多任务性、产出不易度量以及多委托人等公共部门的典型特征（Dixit，2002；Burgess 和 Ratto，2003）[300][301]，委托人 1 与县级政府签订的是雇佣契约，这一契约虽然在短期内提供相对固定的弱激励性工资，但在长期内以职级晋升的方式予以激励。我们参照 Holmstrom（1999）[302] 的处理方法，假定委托人 1 与县级政府之间的长期雇佣合同分为两个阶段，为了避免事前的逆向选择行为，委托人 1 在第一阶段提供一个较低的固定水平的报酬 $a_1$，并给予生态保护转移支付；在第二阶段提供一个取决于第一阶段生态环境产出的激励性报酬。这样，第一阶段的生态环境产出越多，第二阶段获得的报酬就越高。因此，县级政府在生态环境保护中从两阶段获得的收益可以表示为：

$$w_1 = a_1 + \alpha y_1 \tag{3-25}$$

式中，$\alpha$ 表示委托人 1 对县级政府的激励强度；$y_1$ 表示县级政府在第一阶段的生态环境产出，与静态分析中的 $y$ 含义相同。因此，在长期中我们就得到一个准线性的激励合同。需要说明的是，县级政府的生态环境保护行为虽然会受到预期的激励，但在第一阶段它只获得固定转移支付 $a_1$。

与一般的经典委托—代理关系相同，县级政府和委托人 2 之间的委托—代理关系可以看作是县级政府（代理人）对委托人 2 的责任和义务，县级政府必须为经济发展和居民福利水平提高负责并做出应有的贡献。这里借鉴 Becker（1965）[303] 和 Heath 等（1998）[304] 等人的分析思路，假定县级政府对委托人 2 的贡献可以通过提高经济增长水平实现，也就是说，经济增长水平能够满足县级政府的预算支付、县级政府的各项职能能够顺利实现。对于委托人 2 而言，本书假定来自生态环境保护的收入是固定的，长远利益无助于当期消费预算。因此，委托人 2 对县级政府的激励契约可以表示为：

$$w_2 = a_2 + \beta y_2 \tag{3-26}$$

其中，$a_2$ 表示委托人 2 对县级政府的固定支付（可以理解为委托人 2 对政府提供的职位迁升和财政收入等）；$\beta$ 表示当地居民对经济发展的短期激励程度。

3. 效应函数

借鉴 Holmstrom 和 Milgrom（1991）[305] 的思路，本书假定县级政府有常数的绝对风险厌恶（Constant Absolute Risk Aversion，CARA）的风险偏好，其效用函数可表示为：

$$u = -e^{-\rho[w_1 + w_2 - \varphi(e_1, e_2) - \chi(s_2)]} \tag{3-27}$$

式中，$\rho$ 是绝对风险厌恶系数，$\rho = -u''/u'$。$\varphi(e_1, e_2)$ 是县级政府付出努力的个人成本，假设其函数形式为二次型，也即 $\varphi(e_1, e_2) = (c_1 e_1^2 + c_2 e_2^2 + 2\kappa e_1 e_2)/2$，且存在 $0 \leqslant \kappa \leqslant \sqrt{c_1 c_2}$。县级政府提高在一项任务上的努力，就会增加另一项任务努力的边际成本，也即两项任务之间存在努力成本替代问题，当 $\kappa = 0$ 时，表示两项努力在技术上是相互独立的；当 $\kappa > 0$ 时，表示两项努力在技术上存在努力替代，$\kappa$ 越接近于 $\sqrt{c_1 c_2}$，二者的替代性越大；当 $\kappa = \sqrt{c_1 c_2}$ 时，表示两项努力在技术上是完全可替代的。$\chi(s_2)$ 表示县级政府将国家重点生态功能区转移支付挪用后带来的事后审计成本，也采用二次型的函数形式，即 $\chi(s_2) = b s_2^2/2$，且 $b \geqslant 0$。

根据国家重点生态功能区设立的依据和目的，假设县级政府在从事生态环境保护方面具有比较优势，即存在 $c_1 < c_2$，并且进一步假设存在 $c_1 < \kappa < c_2$，也就是说发展地方经济的努力 $e_2$ 增加比生态环境保护努力 $e_1$ 的增加能更快地提高两项任务的边际成本。

假设中央政府的两个委托人都是风险中性的，二者有不同的目标，前者提供国家重点生态功能区转移支付的目的是生态环境效益最大化；后者的目标是经济发展和收入的增加①。因此，委托人1和委托人2的效应函数也即风险中性条件下的收益函数为：

$$u_1 = y_1 - a_1 \tag{3-28}$$

$$u_2 = y_2 + a_1 \tag{3-29}$$

值得注意的是，在本书的模型中，县级政府在考虑其效用最大化问题时，虽然其行为会受到长期收益的影响，但是在做出生态环境决策时所考虑的成本却只体现在本期内。因为下一期的收入也是固定的，与成本无关，只需要在下一期考虑成本最小化即可，也就是说，县级政府下一期的行为独立于本期行为。此外，中央政府对县级政府的生态保护激励是通过县级政府的"职业关注"（career concern）机制实现的。中央政府的生态环境收益来源于县级政府在上一阶段提供的生态环境产出，而成本仅仅局限于本阶段的固定支付 $a_1$。显然，本书构建的生态补偿委托—代理模型的本质仍然是一个单一阶段的决策问题。

## （二）基准模型：县级政府不存在财政收入缺口的共同代理模型

现阶段国家重点生态功能区转移支付的标准是县级政府的财政收支缺口，中央政府根据县级政府的财政收支缺口支付相应地转移支付，因此应分析存在财政收支缺口条件下的激励模型，但是与完全信息条件下的激励模型是不完全信息条件下激励模型的基准模型一样，不存在财政收支缺口条件下的激励模型是存在财政收支缺口条件下的奖励模型的基准模型，本部分先对基准模型进行分析。

在共同代理的分析框架下，中央政府的委托人1部门和委托人2部门分别选择一个激励契约，使得自身收益最大化，而县级政府则通过成本和收益的权衡选择"最优"的资源配置方式以实现自身收益的最大化。

由于县级政府是风险规避的，其效用函数需要转化为确定性等价收入，由式（3-25）至式（3-27）可得县级政府的确定性等价收入为：

$$a_1 + \alpha(e_1 + s_1) + a_2 + \beta(e_2 + s_2) - \rho(\alpha^2\sigma_1^2 + \beta^2\delta_2^2)/2 - \varphi(e_1, e_2) - bs_2^2/2$$

首先分析不存在财政收支缺口的情形，也即县级政府的财政收入及中央政府

---

① 对于当地居民来说，他们也会关心周边的生态环境状况，但是国家重点生态功能区多数处于西部贫困地区，当地居民更关心当地的经济发展和自身收入水平的提高。因此，本书假定当地居民只关心经济增长和收入水平的提高。

的一般化财政转移支付能够满足支出需求。县级政府效用最大化问题可表示为：

$$Max[a_1 + \alpha(e_1 + s_1) + a_2 + \beta(e_2 + s_2) - \rho(\alpha^2\sigma_1^2 + \beta^2\delta_2^2)/2 - \varphi(e_1, e_2) - bs_2^2/2]$$

县级政府选择 $\{e_1, e_2, s_2\}$ 以最大化自身效用，由一阶条件可得[①]：

$$e_1^* = \frac{\alpha c_2 - \beta\kappa}{c_1 c_2 - \kappa^2} \quad e_2^* = \frac{\beta c_1 - \alpha\kappa}{c_1 c_2 - \kappa^2} \quad s_1^* = s - \frac{\beta - \alpha}{b} \quad s_2^* = \frac{\beta - \alpha}{b} \qquad (3-30)$$

为便于分析，这里假设存在 $b \geqslant \beta/\alpha$，这表明即便委托人 1 不对县级政府的生态环境保护行为进行激励，后者仍然会将一定的国家重点生态功能区转移支付用于生态环境保护，这与现实相符，因为保护生态环境也是政府的基本公共职能之一。

1. 县级政府的收益比较

委托人 1 和委托人 2 都提供激励契约的条件下，县级政府的收入可表示为：

$$a_1 + \alpha(e_1^* + s_1^*) + a_2 + \beta(e_2^* + s_2^*) - \rho(\alpha^2\sigma_1^2 + \beta^2\delta_2^2)/2 - \varphi(e_1^*, e_2^*) - \chi(s_2^*)$$
$$(3-31)$$

如果委托人 1 不对县级政府提供激励，则存在 $w_1 = 0$（或者说 $a_1 = 0$、$\alpha = 0$），此时，县级政府的效用最大化问题可以表示为：

$$Max[a_2 + \beta(e_2 + s_2) - \rho\beta^2\delta_2^2/2 - \varphi(e_1, e_2) - \chi(s_2)]$$

县级政府选择 $\{e_1, e_2\}$ 从而最大化自身收益，由一阶条件可得：

$$e'_1 = \frac{-\beta\kappa}{c_1 c_2 - \kappa^2} \quad e'_2 = \frac{\beta c_1}{c_1 c_2 - \kappa^2} \quad s'_1 = s - \frac{\beta}{b} \quad s'_2 = \frac{\beta}{b}$$

因此，县级政府的收益可表示为：

$$a_2 + \beta(e'_2 + s'_2) - \rho\beta^2\delta_2^2/2 - \varphi(e'_1, e'_2) - \chi(s'_2) \qquad (3-32)$$

如果委托人 2 不对县级政府提供激励，则存在 $w_2 = 0$（或者说 $a_2 = 0$、$\beta = 0$），此时，县级政府的效用最大化问题可以表示为：

$$Max[a_1 + \alpha(e_1 + s_1) - \rho\alpha^2\delta_1^2/2 - \varphi(e_1, e_2) - \chi(s_2)]$$

县级政府选择 $\{e_1, e_2\}$ 从而最大化自身收益，由一阶条件可得：

$$e''_1 = \frac{\alpha c_2}{c_1 c_2 - \kappa^2} \quad e''_2 = \frac{-\alpha\kappa}{c_1 c_2 - \kappa^2} \quad s''_1 = s \quad s''_2 = 0$$

因此，县级政府的收益可表示为：

---

[①] 由于中央政府和县级政府之间存在的激励特征普遍为弱激励，而县级政府与当地居民之间的关系更为密切（也即与保护生态环境相比，县级政府更加关注发展经济和提高居民生活水平），因此，本书假设存在 $\beta > \alpha$，也即发展经济对县级政府的激励要超过保护生态环境。

$$a_1 + \alpha(e''_1 + s''_1) - \rho\alpha^2\delta_1^2/2 - \varphi(e''_1, e''_2) \tag{3-33}$$

由式（3-32）减去式（3-33），可以得到县级政府与委托人1合作的额外收益为：

$$\Delta' = a_1 + \alpha(e_1^* + s_1^*) + a_2 + \beta(e_2^* + s_2^*) - \rho(\alpha^2\sigma_1^2 + \beta^2\delta_2^2)/2 - \varphi(e_1^*, e_2^*) - \chi$$
$$(s_2^*) - [a_2 + \beta(e'_2 + s'_2) - \rho\beta^2\delta_2^2/2 - \varphi(e'_1, e'_2) - \chi(s'_2)]$$
$$= a_1 + \alpha(e_1^* + s_1^*) + \beta(e_2^* + s_2^* - e'_2 - s'_2) - \rho\alpha^2\sigma_1^2/2 - [\varphi(e_1^*, e_2^*) - \varphi$$
$$(e'_1, e'_2)] - [\chi(s_2^*) - \chi(s_2')] \tag{3-34}$$

由式（3-31）减去式（3-33），县级政府与委托人2合作的额外收益为：

$$\Delta'' = a_1 + \alpha(e_1^* + s_1^*) + a_2 + \beta(e_2^* + s_2^*) - \rho(\alpha^2\sigma_1^2 + \beta^2\delta_2^2)/2 - \varphi(e_1^*, e_2^*) - \chi$$
$$(s_2^*) - [a_1 + \alpha(e''_1 + s''_1) - \rho\alpha^2\delta_1^2/2 - \varphi(e''_1, e''_2)]$$
$$= a_2 + \alpha(e_1* + s_1^* - e''_1 - s''_1) + \beta(e_2^* + s_2^*) - \rho\alpha^2\sigma_2^2/2 - [\varphi(e_1^*, e_2^*) - \varphi$$
$$(e''_1, e''_2)] - \chi(s_2^*) \tag{3-35}$$

2. 中央政府两个委托人的收益比较

当中央政府两个委托人都与县级政府合作时，二者得到的期望收益为：

$$E(u_1) = e_1^* + s_1^* - a_1 - \alpha(e_1^* + s_1^*) \tag{3-36}$$

$$E(u_2) = a_1 + \alpha(e_1^* + s_1^*) + e_2^* + s_2^* - a_2 - \beta(e_2^* + s_2^*) \tag{3-37}$$

如果委托人1不对县级政府提供激励，则存在 $w_1 = 0$（或者说 $a_1 = 0$、$\alpha = 0$），此时，中央政府的收益为：

$$E(u_1) = e'_1 + s'_1 \tag{3-38}$$

如果委托人2不对县级政府提供激励，则存在 $w_2 = 0$（或者说 $a_2 = 0$、$\beta = 0$），此时，当地居民的收益为：

$$E(u_2) = a_1 + \alpha(e''_1 + s''_1) + e''_2 + s''_2 \tag{3-39}$$

接下来比较中央政府两个委托人激励与否的收益差额。由式（3-36）减去式（3-38）可得委托人1的收益差额为：

$$\Delta u_1 = (e_1^* + s_1^* - e'_1 - s'_1) - a_1 - \alpha(e_1^* + s_1^*) \tag{3-40}$$

由式（3-37）减去式（3-39）可得委托人2的收益差额为：

$$\Delta u_2 = \alpha(e_1^* + s_1^* - e''_1 - s''_1) + (e_2^* + s_2^* - e''_2 - s''_2) - a_2 - \beta(e_2^* + s_2^*) \tag{3-41}$$

3. 最优激励水平的确定

由式（3-32）加上式（3-40），可以得到委托人1和县级政府额外收益之和为：

$\beta(e_2^* + s_2^* - e'_2 - s'_2) - \rho\alpha^2\sigma_1^2/2 + (e_1^* + s_1^* - e'_1 - s'_1) - [\varphi(e_1^*, e_2^*) - \varphi(e'_1, e'_2)] - [\chi(s_2^*) - \chi(s'_2)]$

将 $e_1^*$、$e_2^*$、$e'_1$、$e'_2$、$s_1^*$、$s_2^*$、$s'_1$、$s'_2$ 代入上式可得：

$$\frac{2\alpha c_2 - \alpha^2 c_2}{2(c_1 c_2 - \kappa^2)} - \frac{1}{2}\rho\alpha^2\sigma_1^2 + \frac{2\alpha - \alpha^2}{2b} \qquad (3-42)$$

中央政府选择激励强度 $\alpha$ 使式（3-42）最大化，由一阶条件可得：

$$\alpha = \frac{bc_2 + (c_1 c_2 - \kappa^2)}{bc_2 + b\rho(c_1 c_2 - \kappa^2)\sigma_1^2 + (c_1 c_2 - \kappa^2)} \qquad (3-43)$$

由式（3-35）加上式（3-41）可得委托人 2 和县级政府的额外收益之和[①]为：

$\alpha(e_1^* + s_1^* - e''_1 - s''_1) + (e_2^* + s_2^* - e''_2 - s''_2) - \rho\alpha^2\sigma_2^2/2 - [\varphi(e_1^*, e_2^*) - \varphi(e''_1, e''_2)] - \chi(s_2^*)$

将 $e_1^*$、$e_2^*$、$e''_1$、$e''_2$、$s_1^*$、$s_2^*$、$s''_1$、$s''_2$ 代入上式可得：

$$\frac{2\beta c_2 - \beta^2 c_2}{2(c_1 c_2 - \kappa^2)} - \frac{1}{2}\rho\beta^2\sigma_1^2 + \frac{2\beta - \beta^2 - 2\alpha + \alpha^2}{2b} \qquad (3-44)$$

中央政府选择激励强度 $\beta$ 使式（3-44）最大化，由一阶条件可得：

$$\beta = \frac{bc_1 + (c_1 c_2 - \kappa^2)}{bc_1 + b\rho(c_1 c_2 - \kappa^2)\sigma_2^2 + (c_1 c_2 - \kappa^2)} \qquad (3-45)$$

可以看到，当惩罚系数 $b$ 趋向于无穷大时，式（3-43）和式（3-45）可表示为：

$$\alpha = \frac{c_2}{c_2 + \rho(c_1 c_2 - \kappa^2)\sigma_1^2}; \quad \beta = \frac{c_1}{c_1 + \rho(c_1 c_2 - \kappa^2)\sigma_2^2}$$

于是，县级政府进行生态环境保护的产出为：

$$E(y_1^*) = e_1^* + s_1^* \qquad (3-46)$$

结合式（3-30）、式（3-43）和式（3-46）可知，对生态环境保护及其产出的衡量越精确（$\sigma_1^2$ 越小），中央政府委托人 1 就越可以采取相对较大的激励强度（$\alpha$），县级政府也相应付出较多的努力，进而可以提供更多的生态环境产出，在此意义上，本书为基于相对绩效的激励机制（如锦标赛）在生态环境保护的应用提供了一种理论支持。在众多县级政府面临相似的生产环境的条件下，

---

① 这里委托人 2 支付的工资（$e_1^* + s_1^* - e''_1 - s''_1$）不再重复计算。

类似于锦标赛的机制可以过滤掉公共噪声的冲击，提供更为准确的产出信息，为实施较强的激励机制提供了条件。

### （三）扩展形式：县级政府存在财政收支缺口下的共同代理模型

与其他县级地区相比，国家重点生态功能区所在县级政府基本处于经济发展水平较为落后的区域。他们面临长期利益和短期利益的均衡，增加对生态环境保护的努力和投入在长期内可能是最优选择，但短期内却面临着经济增长不能满足当地居民需求的窘境。如果县级政府选择有利于长期利益的行为，在短期内很难取得经济方面的增长，但促进经济增长，满足当地人的生产、生活需要又是县级政府义不容辞的责任和义务。此时，县级政府将在生态环境保护和经济发展二者之间重新分配资源以适应当地居民对经济发展需要的最低约束。

假定县级政府对委托人 2 负有的责任和义务体现在经济增长和财政收入方面，县级政府对委托人 2 的贡献不能低于 $h_0$，当 $e_2^* + a_1 \geqslant h_0$ 时，也就是说，中央政府支付的固定报酬和县级政府在发展经济方面的努力获得的经济增长能够满足约束条件时，县级政府的最优资源配置方案与无约束的情形一致。但是，当 $e_2^* + a_1 < h_0$ 时，县级政府必须重新配置努力和资源，以满足支出约束，这又可以分为不可转移资源和可转移资源两种情形。

1. 不可转移国家重点生态功能区转移支付的情形

如果不能将国家重点生态功能区转移支付转化为一般财政收入（$b \rightarrow +\infty$），则县级政府只能靠增加经济发展的努力投入来满足支出约束，其他假设条件同上，县级政府的问题可重新描述为：

$$Max\left[w_1 + w_2 - \varphi(e_1, e_2)\right] \tag{3-47}$$

$$s.t.\ a_1 + e_2 \geqslant h_0$$

接下来可以按照转移支付使用和监管方式分为两种形式进行讨论：

一种是当国家重点生态功能区转移支付的使用能够被中央政府观察到时，如国家重点生态功能区转移支付的实际控制权仍掌握在中央政府手中，县级政府的使用需要中央政府的审批。此时这一部分转移支付只能用于生态保护方面，县级政府不能挪用，因此只能对投入到保护环境和发展本地经济两方面的努力进行重新配置，重新配置的努力投入必然偏离最优情形，当收入约束满足时，式（3-47）是紧的，也就是说在国家重点生态功能区转移支付不可转移情形下，县级政府对经济发展的努力投入为：

$$e_2^* = h_0 - a_1 \tag{3-48}$$

由县级政府的确定性等价收益公式对 $e_1$ 的一阶条件，可以得到县级政府选择生态环境保护努力投入（$e_1$）的反应函数：

$$\alpha - c_1 e_1 - \kappa e_2 = 0 \tag{3-49}$$

将式（3-48）代入式（3-49）中，可以求得在给定经济发展努力投入 $e_2^*$ 的情形下，县级政府对生态环境保护投入的最优努力值为：

$$e_1^* = [\alpha - \kappa(h_0 - a_1)]/c_1 \tag{3-50}$$

另一种形式是国家重点生态功能区转移支付的使用情况不可观察，但能够通过事后审计发现违规行为，并进行严厉的惩罚，也即将国家重点生态功能区转移支付转为一般收入的成本非常高（$b = +\infty$）。

当 $\beta - \alpha - b s_2 < \beta - c_2 e_2^* - \kappa e_1^*$ 时，也就是说当县级政府转移国家重点生态功能区转移支付的边际收益小于 $e_2^*$ 处增加经济发展努力投入的边际收益时，县级政府的最优选择仍然是不转移国家重点生态功能区转移支付，仅通过"任务套利"即通过增加对经济发展的努力投入，同时减少对生态环境保护努力投入来满足支出约束，此时县级政府努力配置与资源可观测的情形一样，仍由式（3-48）和式（3-50）决定。

显然，县级政府对经济发展的努力投入（$e_2^*$）要大于最优的努力投入（$e_2^*$）。而对生态环境保护的努力投入（$e_1^*$）要小于最优的努力投入（$e_1^*$），县级政府的努力配置偏离了无约束时的最优情形。此时，生态环境保护的产出可以表示为：

$$E(\bar{y}_1) = [\alpha - \kappa \bar{e}_2]/c_1 + s$$

对上式求解 $\bar{e}_2^2$ 的一阶导数，可知 $\partial E(\bar{y}_1)/\partial e_2^* < 0$，也就是说向经济增长中转移的努力投入越多，会导致生态环境保护产出越少，而努力转移的多少取决于当地的收入缺口（$h_0 - a_1$）。如果收入水平 $a_1$ 超过支出约束 $h_0$，县级政府的努力配置依然是最优情形，但如果收入水平低于支出约束，县级政府就不得不通过任务套利来满足当地发展的支出约束。而且，收入水平越低，县级政府向经济发展转移的努力水平越多，生态环境保护产出越少，由此，本书得到以下结论。

结论3：县级政府的财政收入是影响激励机制的重要原因。在财政收入水平较低且国家重点生态功能区转移支付不可转化为一般财政收入的情况下，县级政府有动机减少生态环境保护中的努力投入，从而增加经济发展方面的努力投入，导致生态环境产品产出低于潜在最优水平。

## 2. 可转移国家重点生态功能区转移支付情形

假定中央政府将国家重点生态功能区转移支付交由县级政府使用，无法观察到资源的投入，只能通过事后审计来评估转移支付的使用状况，如果发现违规使用状况则进行惩罚，此时县级政府有动机将部分国家重点生态功能区转移支付转化为财政收入以进行"资源套利"，这取决于"资源套利"和"任务套利"的相对收益大小。

由前文的分析可知，在 $(e_1^*, e_2^*)$ 处，县级政府转移国家重点生态功能区转移支付的边际收益大于增加经济发展努力的边际收益，也即当 $\beta - \alpha - bs_2 > \beta - c_2 \bar{e}_2 - \kappa \bar{e}_1$ 时，县级政府的最优选择是将部分国家重点生态功能区转移支付用于经济发展，而随着挪用 $s_2$ 的增加，用于经济发展的转移支付的边际收益下降，而对经济增长发展努力投入的减少使得经济发展努力的边际收益上升[①]。当两种行为的边际收益相等时，资源配置达到新的均衡，也就是说，县级政府可以通过加大对经济发展的努力投入（任务套利）和挪用部分国家重点生态功能区转移支付（资源套利）两种途径来满足居民的需要。

国家重点生态功能区转移支付挪用的数量取决于投入到经济发展努力的边际收益和挪用转移支付的边际收益二者之间的权衡，新的资源配置需要满足下面两个条件：

$$\beta - \alpha - bs_2 = \beta - c_2 e_2 - \kappa \frac{\alpha - \kappa e_2}{c_1}, \text{ 也即 } s_2 = \frac{(c_1 c_2 - \kappa^2) e_2 + \alpha(\kappa - c_1)}{bc_1} \qquad (3-51)$$

$$e_2 + s_2 = h_0 - a_1 \qquad (3-52)$$

求解上述两式构成的方程组可得：

$$\tilde{e}_2 = \frac{(h_0 - a_1) bc_1 - \alpha(\kappa - c_1)}{(c_1 c_2 - \kappa^2) + bc_1}, \quad s_2 = \frac{(h_0 - a_1)(c_1 c_2 - \kappa^2) + \alpha(\kappa - c_1)}{(c_1 c_2 - \kappa^2) + bc_1} > 0 \qquad (3-53)$$

同时，由式（3-49）可得：

$$\tilde{e}_1 = (\alpha - \kappa \tilde{e}_2)/c_1 \qquad (3-54)$$

将上式代入式（3-23）中，可得：

$$E(\tilde{y}_1) = (\alpha - \kappa \tilde{e}_2)/c_1 + s - s_2 \qquad (3-55)$$

---

① 当转移的数量 $s_2 > (\beta - \alpha)/b$ 时，县级政府挪用国家重点生态功能区转移支付的边际收益为负，转移经济发展的努力投入的边际收益也为负。这实际上是用一种非效率去替代另一种更加严重的非效率。

将式（3-53）代入式（3-55）并对 $b$ 求导，可知在 $(\tilde{e}_2, s_2)$ 处有：

$\partial E(\tilde{y}_1)/\partial b < 0$

这意味着外生的惩罚系数 $b$ 越大，生态效益产出反而越小，也就是说当县级政府收入水平较低时，严格的惩罚系数可能不是最优的。由式（3-30）可知：随着惩罚系数 $b$ 从极大向下变动，县级政府挪用国家重点生态功能区转移支付的数量 $s_2$ 增加，对经济发展的努力投入 $e_2$ 相对于 $e_2^*$ 减少。这使得县级政府生态环境保护的努力 $e_1$ 相对于 $e_1^*$ 增加，尽管投入到生态环境保护上的转移支付 $s_1$ 减少，但生态环境效益产出在整体上仍然是增加的。国家重点生态功能区转移支付的挪用矫正了由地方政府财政支出约束引致的努力配置扭曲，客观上起到了收入补贴的作用，并激励县级政府做出最优的努力配置，提高生态效益产出水平，由此得到另一个结论。

结论4：在财政收入水平较低（不能满足财政支出约束），但国家重点生态功能区转移支付可转移的情况下，国家重点生态功能区转移支付一方面可以作为生态效益产出的要素投入，另一方面还可以挪用到经济发展方面（资源套利），矫正由收入分配制度不匹配引致的激励扭曲（任务套利）。也就是说，国家重点生态功能区转移支付对县级政府的生态环境保护在短期内有"显性激励"，在长期内有"隐性激励"。

# 四、居民生态保护意愿与行为视角下的激励机制理论分析

当地居民作为生态环境保护的直接主体和实际保护者，对其进行激励更为重要。国家重点生态功能区转移支付的最终目标也是激励县级政府和当地居民保护生态环境。前文分析了中央政府和县级政府之间的委托—代理问题。接下来分析政府（中央政府和县级政府）和当地居民关于生态环境保护的委托—代理问题，在这一关系中，政府是委托人，当地居民是代理人，前者将生态环境保护和建设的任务委托给后者，并通过制定相应的激励机制保证当地居民的生态环境保护和建设的积极性。为避免与前文的重复性工作，本部分将通过羊群效应模型重点研究政府的生态补偿政策对当地居民生态环境保护和建设意愿与行为的影响机理，

从而从居民视角提出相应的完善国家重点生态功能区转移支付激励机制的政策建议。

Lux（1995）[306]的模型描述了行为个体在股票市场中的自发行为，行为个体的意愿（悲观和乐观）转化的条件是其对市场风险的主观判断，其改变意愿的目的是个人收益最大化。和这种情形类似，居民的生态保护意愿同样存在"愿意保护和不愿意保护"两种形式，其在这两种意愿之间转化的目的也是实现个人收益最大化。唯一不同之处在于前者是根据自己对市场的主观判断而做出的自发行为，后者是居民对政府生态补偿政策做出的判断。两种情形中个体的行为选择类型、目的等是一致的，只是转化条件存在差别（实质上也没有差别，都是对外界状况的判断）。扩展 Lux 的模型用在居民生态保护意愿分析中，是对这一模型的创新和扩展应用。

## （一）基本假定

假设一地区有固定数量为 $2N$ 的居民群体，为便于分析，假设这一地区是封闭的，不存在人口外来输入和本地输出状况，这些居民可以分为愿意保护和不愿意保护生态环境两种人，不存在保持中间态度的人。假设 $n_1$ 表示愿意保护生态环境的居民数量，$n_2$ 表示不愿意保护生态环境的居民数量，且存在 $n_1 + n_2 = 2N$。假设存在 $n = 0.5（n_1 - n_2）$，令 $x = n/N$，则 $x \in [-1, 1]$，$x$ 表示整个地区生态保护意愿平均值的一个指标，当 $x = 0$ 时，该地区愿意保护生态环境和不愿意保护生态环境的人数相等，当 $x > 0$ 时，该地区愿意保护生态环境的人数大于不愿意保护生态环境的人数，当 $x < 0$ 时，该地区愿意保护生态环境的人数小于不愿意保护生态环境的人数，当 $x = 1$ 时，该地区所有居民都愿意保护生态环境，当 $x = -1$ 时，该地区所有居民都不愿意保护生态环境。

## （二）模型分析

根据 Lux（1995）[306]的动力学描述，当愿意保护生态环境的居民增多时，不愿意保护生态环境的居民可能会改变其态度转向愿意保护；相反，当不愿意保护生态环境的居民增多时，愿意保护生态环境的居民可能会改变其态度转向不愿意保护，假定从不愿意保护转向愿意保护的概率为 $p_1$，从愿意保护转向不愿意保护的概率为 $p_2$。可以看出二者是由 $x$ 的分布决定的。也即存在 $p_1 = p_1（x）$，$p_2 = p_2（x）$。这表明所有居民都以相同的方式影响某一个特定居民，为简化分析，假设每一个居民的态度只能改变一次。随着居民理性预期的变化，他们对生态环境保护的态度也随之发生变化，一部分不愿意保护生态环境的居民变为愿意保护，而另一部分愿意保护生态环境的居民可能转换为不愿意保护，这都会导致 $x$ 的变化。两类居民之间的相互转化依赖于各自的转移概率 $p_1$ 和 $p_2$，而转移概率又依赖于居民的行为选择和 $x$ 本身。

进一步假设所有居民改变生态环境保护态度的概率是一样的，这样从一种态度转向另一种态度的居民人数就可以由每一类居民的数量乘以相应的转移概率而近似得到，因此由不愿意保护生态环境转向愿意保护的居民人数就是 $p_1 n_2$，而由愿意保护生态环境转变为不愿意保护的居民人数为 $p_2 n_1$。由此可以得到，两类居民之间的人数转换率为：由不愿意保护生态环境转向愿意保护的居民数量转换率为 $dn_1/dt = p_1 n_2 - p_2 n_1$；由愿意保护生态环境转向不愿意保护的居民数量转换率为 $dn_2/dt = p_2 n_1 - p_1 n_2$。

由 $n = 0.5（n_1 - n_2）$ 和 $x = n/N$ 可得：

$$\frac{dx}{dt} = \frac{0.5d（n_1 - n_2）}{Ndt} = \frac{1}{2N}\frac{dn_1}{dt} - \frac{1}{2N}\frac{dn_2}{dt} = \frac{1}{N}（p_1 n_2 - p_2 n_1）$$

又由 $n_1 + n_2 = 2N$ 和 $n = 0.5（n_1 - n_2）$ 可得 $n_1 = N + n$ 和 $n_2 = N - n$，因此有：

$$\frac{dx}{dt} = \frac{1}{N}(p_1 n_2 - p_2 n_1) = \frac{1}{N}[p_1（N-n） - p_2（N+n）] = （1-x）p_1（x） - （1+x）p_2（x）$$

假设居民态度由不愿意保护生态环境向愿意保护生态环境转变的概率相对变化随 $x$ 线性增加，而由愿意保护生态环境向不愿意保护生态环境转变的概率相对变化随 $x$ 线性减少，也即存在 $dp_1/p_1 = adx$，$dp_2/p_2 = -adx$。又由于 $p_1 > 0$，$p_2 > 0$，因此可得 $p_1$ 和 $p_2$ 的函数形式为：$p_1（x）= ve^{ax}$，$p_2（x）= ve^{-ax}$。这里，$a \geq 0$ 表示转化的力度，是由两方面的因素决定的：一是集体中其他人的行动的影响（$a_1$）；二是集体行动带来的影响（$a_2$），并假设存在 $a = a_1 + a_2$。其中，$v$ 代表转化速度。因此，基于 Lux（1995）的动力模型，可以得到：

$$dx/dt = （1-x）ve^{ax} - （1+x）ve^{-ax} = 2v[\sinh（ax） - x\cosh（ax）] = 2v\cosh（ax）[\tanh（ax） - x]$$

通过模型，可以得到以下结论：第一，在 $x = 0$ 时，也即没有外力作用条件下，整个社会处于动态平衡状态，此时存在 $p_1 = p_2 = v$。第二，当 $a \leq 1$ 时，Lux 动力模型存在唯一的稳态解 $x = 0$，此时羊群效应较弱并随时间逐渐消失；当 $a > 1$ 时，$x = 0$ 是不稳定的，此时 $x$ 存在大于 0 和小于 0 的两个稳态解，也就是说只

要 $x$ 稍微偏离 0，就会产生累积转化过程，并最终导致居民生态保护态度由不愿意向愿意或者由愿意向不愿意转化。$a$ 越大，转化率也越高，向愿意或者不愿意态度转化的绝对值越大。

接下来，我们讨论这种转化的条件：

当 $a = a_1 + a_2 \leqslant 1$ 时，社会动态平衡是一种稳定的动态均衡，虽然也会出现一定的波动，但这种波动一般比较小并逐渐消失。在这种条件下，他人的行动与集体的行为结果不会出现累积放大效应，也就是说开始可能有个别居民会模仿他人的行为，但看到模仿后集体的行为结果并没有发生较大的变化，那么居民就不会再模仿，这种相互模仿的行为就会逐渐消失。

当 $a = a_1 + a_2 > 1$ 时，社会的动态平衡是一种不稳定的动态均衡，在这种条件下，他人的行动与集体的行为结果会出现累积放大效应，也就是说开始可能有个别居民模仿他人的行为，但看到模仿后集体的行为结果发生了较大的变化，其他居民也会受到启发，开始模仿，此时这种相互模仿的行为就会逐渐扩大，形成羊群效应。也就是说，他人和集体行为结果的影响相互叠加是形成羊群效应的基本条件。通过分析，可以得到以下结论：

结论 5：当地居民的生态环境保护意愿会受到其他居民和集体行为结果的影响，政府可以通过一系列生态补偿政策促使更多的居民形成正向的生态保护意愿，有意识地提高"羊头"的影响，从而影响群体行为的结果，使更多的人参与到生态保护中。

# 五、理论分析框架

综上所述，根据研究目标和理论分析，基于我国生态补偿现状特别是国家重点生态功能区转移支付现状，归纳出完善生态补偿转移支付激励机制的理论分析框架，为下文的实证研究提供统一的逻辑框架，如图 3-5 所示。

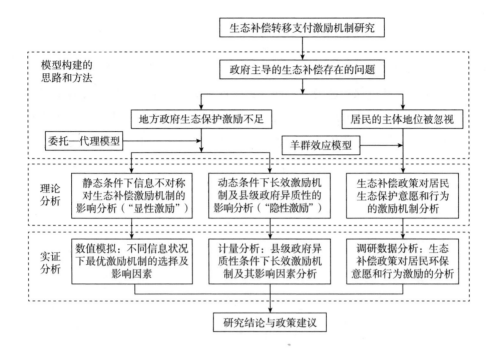

**图3-5　生态补偿转移支付激励机制理论分析框架**

# 六、小　结

国务院于2009年、2011年及之后的每一年都会出台和改进《国家重点生态功能区转移支付实施办法》（以下简称《办法》），为县级政府和当地居民的生态保护行为提供资金支持。通过对《办法》的解读可以发现，中央政府和县级政府之间、政府和当地居民之间存在生态保护委托—代理关系，本书将这一关系模型化，构建了研究我国国家重点生态功能区转移支付激励机制的理论分析框架，为下文分析提供理论基础。

首先，分析静态条件下中央政府与国家重点生态功能区所在县级政府间的生态补偿激励机制，结果表明，与完全信息条件相比，中央政府在不完全信息条件下还需要对低边际成本的县级政府提供一定的信息租金，而信息租金的数量不少于低边际成本县级政府模仿高边际成本县级政府行为获得的额外收入。其次，分析动态条件下国家重点生态功能区转移支付激励契约性质，结果表明生态补偿动态激励机制不仅能够提供"显性激励"，还能够提供"隐性激励"；县级政府的财政收入水平、环境保护能力等方面的异质性都会影响生态补偿长效激励机制的发挥。最后，借鉴羊群效应模型分析生态补偿政策对当地居民生态保护意愿和行为的激励机制，结果表明生态补偿政策能够通过羊群效应不断增加原有保护生态环境居民的数量，促进对生态环境的保护。

# 第四章　国家重点生态功能区转移支付激励机制静态分析

本章根据理论分析部分的委托—代理静态模型，通过对基本"委托—代理"模型的扩展，构建了静态条件下中央政府与国家重点生态功能区所在县级政府生态补偿转移支付激励契约模型，研究不同信息不对称结构对转移支付激励机制的影响。具体来说，首先界定契约委托、代理双方的行为选择及成本最小化条件下的契约函数形式；其次求解完全信息条件下中央政府和县级政府的最优契约形式，在此基础上比较分析了三种不对称信息状况下生态补偿转移支付的次优契约形式，并对最优形式和次优形式进行了比较分析；再次运用成本收益分析法，对四种信息结构下国家重点生态功能区转移支付激励契约变动的影响因素进行数值模拟，讨论不同价值类别资源比例、保护成本差异以及保护努力达到目标的概率等因素对契约效率的影响；最后根据研究结论提出相应的政策建议。

## 一、国家重点生态功能区生态补偿契约的界定

### （一）契约代理人——县级政府的界定

#### 1. 保护努力假设

借鉴 Anthon 和 Thorsen（2004）[307] 的分析思路并结合我国国家重点生态功能区转移支付的实施现状，将县级政府的生态环境保护努力状况 $a$ 分为基本努力程度（$a_0$）、低保护努力程度（$a_l$）和高保护努力程度（$a_h$）三种。基本保护努力是指县级政府为满足生态环境保护基本需要或者迫于社会公众压力而自愿提高的

生态环境保护努力程度；另外两种保护努力程度是在基本保护努力程度的基础上进行的保护努力，即存在 $a_0 < \alpha_l < \alpha_h$。

2. 生态资源价值假设

借鉴 Motte 等（2002，2003）[308][309] 的土地利用价值的划分方法，将国家重点生态功能区内资源价值分为高价值和低价值两类，记为 $k = h$（high）、$l$（low）。假定提供生态效益的边际成本相同，因此，提供同样的生态环境效益产出 $P$，$l$ 类别资源要服从比 $h$ 类别资源更高的生态环境保护边际保护成本。因此，考虑生态环境保护努力程度和国家重点生态功能区内资源价值类别信息的最佳保护努力为 $a_{i,k}$（$i = 0$，$l$，$h$；$k = h$，$l$）。

3. 生态效益产出假设

短期内国家重点生态功能区所在县级政府提供的生态环境保护努力很难对本县的经济发展产生效益，仅产出生态效益 $P$，这里假设生态环境保护努力不会给县级政府带来经济效益①。$P$ 由 $a_i$、$k$ 和随机影响因素 $\varepsilon$ 决定，可表示为：

$$P_j = P\ (a_i,\ k,\ \varepsilon) \qquad j = 0,\ n$$

式中，$P_j$ 是一个离散值，$P_0 < P_n$。$P_j$ 随 $a$ 的增加而增加，且有 $\partial P / \partial a > 0$，$\partial^2 P / \partial a^2 < 0$。即使在相同的保护努力程度下，资源价值类别的不同也会导致提供的生态效益 $P_j$ 不同。

因此，县级政府对 $k$ 类别资源投入 $a_i$ 保护努力产生生态效益为 $P_j$ 的条件概率为：

$$\rho_{j,i,k} = P\ (P_j \,|\, a_i,\ k) \qquad j = 0,\ n;\ i = l,\ h;\ k = l,\ h$$

在正常状况下，对于同一价值类别的资源来说，随着保护努力的增加，生态效益为 $P_n$ 的概率越大；在同一保护努力程度下，$h$ 类别资源比 $l$ 类别资源产生生态效益为 $P_n$ 的概率高，即 $h$ 类别资源产生的生态效益大于 $l$ 类别资源产生的生态效益；对于同一生态效益 $P_j$，$h$ 类别资源比 $l$ 类别资源所需的保护努力更少；县级政府对两种价值类别的资源只提供基本保护努力而不提供更多的保护努力时，要想提供 $P_n$ 的生态效益是不可能的，即 $\rho_{n,0,k} = 0$。

4. 生态保护成本假设

县级政府经济开发的生产性投入为 $z$，获得的经济产出为 $Q$，记为：$Q = Q$

---

① 这与基本现实相符，现阶段县级政府的生态保护努力很少能够给当地官员带来经济上或者是政绩上的激励，这也是国家重点生态功能区所在的县级政府生态保护积极性不高的主要原因。

$(z, a_i)$，根据要素报酬递减规律可知 $\partial Q/\partial z > 0$，$\partial^2 Q/\partial z^2 < 0$。为便于讨论，假定 $Q$ 是 $a$ 的线性减函数，随 $a$ 的增加而线性下降，也即经济开发的产出随资源保护努力提高而下降。当县级政府对国家重点生态功能区内生态资源提供 $a_i$（$i = l$，$h$）保护努力时，其获得的经济收益为 $\pi_i$，在风险属性方面，假定县级政府是风险规避的，效用函数为：

$$U\left[\pi_i\left(z^*, a_i\right)\right] = U\left[pQ\left(z^*, a_i\right) - wz^* - \varphi a_i\right]$$

其中，$p$ 为单位经济产品的价格；$z^*$ 是县级政府最佳的生产性投入；$w$ 为单位生产性投入的成本；$\varphi$ 为单位资源保护努力成本。

此外，假设 $z$ 和 $a$ 对经济产出的影响相互独立，即有 $\partial^2 Q/\partial z\partial a = \partial^2 Q/\partial a\partial z = 0$。这样，就可以在模型中只关注资源保护的努力投入 $a$，而无须同时关注生产性投入 $z$。县级政府保护努力成本是保留收益 $\pi_0$ 和提供 $a_i$ 保护努力时的收益 $\pi_i$ 之间的差。为简化模型，令 $a_0 = 0$、$\varphi = l$，则县级政府保护努力成本为：

$$c_i\left(z^*, a_i\right) = \pi_0 - \pi_i\left(z^*, a_i\right) = p\left[Q\left(z^*, a_0\right) - Q\left(z^*, a_i\right)\right] + a_i$$

县级政府目标是在开发投入为 $z^*$ 的条件下实现资源保护努力成本 $a_i$ 的最小化[①]。

### （二）契约委托人——中央政府的界定

#### 1. 不完全信息状况界定

Jacobs 和 Van Der Ploeg（2006）[310]认为，在公共预算配置过程中，委托人（中央政府）和代理人（县级政府）之间普遍存在由于委托—代理问题而引起的不完全信息（information asymmetries）问题。Saam（2007）[311]认为信息不对称问题源于生产活动的复杂性使委托人（即中央政府）很难准确观察和评价代理人（县级政府）的行为（努力程度、经费投入）及效益产出。而关于委托—代理双方不完全信息的形式，假设中央政府关于国家重点生态功能区内资源保护与开发状况面临三种信息不对称状况，即县级政府隐藏资源保护努力信息、隐藏资源价值类别信息和既隐藏保护努力又隐藏价值类别信息（双重隐藏信息）。

---

① 本书第三章理论模型分析最优化问题时采用的是收益最大化，也即中央政府的目标函数为社会净生态效益最大化，但是生态效益对中央政府来说是外生的，在实际测算中很难测算；并且从最优化问题的数理分析角度来讲，生态净效益的最大化等同于激励成本的最小化，二者是一致的，因此，这里采用成本最小化替代生态净效益最大化。

## 2. 中央政府成本函数界定

假定中央政府面对的信息环境为 $I$，对县级政府提供的生态效益制定的奖罚激励为 $S$。不同信息状况下中央政府利用契约激励县级政府进行生态保护努力的计划成本是不同的。假定政府计划的激励成本及转移支付为 $C$（$S$，$I$），表示激励成本 $C$ 是在给定的信息环境 $I$ 时的最佳激励结构的函数。政府的目标是使激励成本 $C$ 最小化。在县级政府资源保护努力产出的生态效益为 $P_j$ 时，中央政府预期的激励成本可表示为：

$$EC(S_k, I) = \sum_j (\rho_{j,i=k,k} \times s_{j,k}) = \rho_{0,i=k,k} \times s_{0,k} + \rho_{n,i=k,k} \times s_{n,k}$$
$$j = 0, n; \quad i = l, h; \quad k = l, h \tag{4-1}$$

### （三）约束条件与最大化预期效用假定

中央政府要设计出一个生态补偿转移支付契约，以满足县级政府的参与约束条件和激励相容条件。县级政府只有在获得保留效益的前提下，才会提供资源保护努力，因此，具有信息优势的县级政府获得的效益只有达到或超过保留效用时，才有可能提供中央政府要求的资源保护努力。风险规避性县级政府的参与约束条件可表示为：

$$EU_k[\pi_i, S_k] \geq U_0 \quad i = l, h; \quad k = l, h \tag{4-2}$$

其中，$U_0$ 是县级政府的保留收益；$S_k = [s_{0,k}, s_{n,k}]$，$s_{j,k} = s_k [P_j]$。

中央政府希望县级政府提高资源保护努力，而县级政府为实现自身利益最大化必然希望减小资源保护努力，因此中央政府只能通过促使县级政府效用最大化来实现自身效用最大化。二者之间的激励相容条件可表示为：

$$EU_k[\pi_{i=k}, S_k] \geq U_k[\pi_{i \neq k}, S_k] \quad i = l, h; \quad k = l, h \tag{4-3}$$

因此，根据中央政府和县级政府之间的契约，当对国家重点生态功能区内资源开发的经营投入为 $z^*$ 时，县级政府最大化效用函数可表示为：

$$MaxEU_k[\pi_i, S_k] = \rho_{0,i,k} U[\pi_i + s_{0,k}] + \rho_{n,i,k} U[\pi_i, s_{n,k}]$$
$$i = l, h; \quad k = l, h \tag{4-4}$$

假定国家重点生态功能区内不同价值类别资源的保护努力可以由一个基本的保护努力的倍数来表示，不同资源的保护努力可以通过具体的数量变化来反映，即将不同的资源通过数据相加统一成相同价值类别资源，就可以对国家重点生态功能区的资源进行统一处理①。

进一步假定共用有 $m$ 个基本生态资源，对于某一国家重点生态功能区，$h$ 类别资源比例为 $\lambda$，$l$ 类别资源比例为 $1-\lambda$；$F$ 表示中央政府管理和保证契约执行的固定成本；$\beta$ 表示契约形成的社会成本，给定信息状态下，为保证预期总计划成本最小，中央政府设计的县级政府参与资源保护的契约是：

$$MinEC(S,\ I) = m\beta[\ \lambda ES_h + (1-\lambda)ES_l + F\ ] \tag{4-5}$$

$$s.\ t.\ (IR)EU_k[\ \pi_{i=k},\ S_k\ ] \geqslant U_0 \quad k = l,\ h \tag{4-6}$$

$$(IC)EU_k[\ \pi_{i=k},\ S_k\ ] \geqslant U_k[\ \pi_{i\neq k},\ S_k\ ] \quad k = l,\ h \tag{4-7}$$

至此，本书已构建了中央政府和县级政府生态补偿转移支付的契约模型。下文要对不同信息状况下的生态补偿契约进行比较分析，以确定中央政府不同信息状况下的转移支付契约形式。

## 二、国家重点生态功能区转移支付<br>静态激励契约设计

本部分设计了三种信息不对称状况②下国家重点生态功能区转移支付的契约，探讨中央政府和县级政府之间不同信息条件下的转移支付的委托—代理契约形式。

### （一）完全信息状况下的国家重点生态功能区转移支付契约形式

在资源保护努力信息和资源价值类别信息都可观察时，中央政府与县级政府的信息是对称的，中央政府可以要求县级政府对 $l$ 类别的资源提供 $l$ 保护努力，对 $h$ 类别的资源提供 $h$ 保护努力，不同价值类别资源的最优契约可以通过保护努力来设计，记作 $s_k(a_i)$。此外，假定中央政府的风险属性为中性，与县级政府

---

①　举例来说，当国家重点生态功能区内的资源主要为草地、森林、水、生物等资源时，$l$ 类别的草地、森林、水、生物需要的保护可能分别为 $a$、$2a$、$3a$、$4a$。这样就可以将该自然保护区内的 $l$ 类别的资源数量化，记为 $10a$。

②　风险规避型县级政府隐藏资源价值类别信息状况下和风险中性县级政府双重隐藏信息状况下的最佳契约形式相同。

共同分担风险，并且进一步假设契约结构独立于县级政府通过投入资源保护努力产生的生态效益，这时，最优契约设计问题简化为一个典型的风险分担问题，只要县级政府的资源保护努力 $a$ 满足参与约束，就可以促使其选择有效的资源保护努力水平 $a_l$、$a_h$。因此，完全信息状况下转移支付最优契约可以表示为：

$l$ 类别资源：$s_l(a_l) = c_l$，$s_l(a_{i \neq k}) \leq 0$         （4－8）

$h$ 类别资源：$s_h(a_h) = c_h$，$s_h(a_{i \neq k}) \leq 0$        （4－9）

上述两式表明，如果 $a_{i=k}$ 能够被中央政府所观察，中央政府就不必根据县级政府保护努力生产的生态效益 $P_j$ 而对县级政府进行转移支付，而仅支付县级政府资源保护的努力成本 $c_l$ 和 $c_h$。$s_l(a_{i \neq k}) \leq 0$ 和 $s_h(a_{i \neq k}) \leq 0$ 表示县级政府提供的保护努力与中央政府提出的保护要求不符时，超出的保护努力得不到转移支付，而当县级政府的资源保护努力达不到要求时，中央政府将根据转移支付契约中惩罚规定对县级政府进行惩罚，直到收回所有转移支付。

### （二）隐藏保护努力信息状况下国家重点生态功能区转移支付契约形式

中央政府要求县级政府提供符合资源价值类别的保护努力，设计的最优契约的结构为 $s_{jk} = s_k(P_j)$，中央政府根据县级政府资源保护产生的生态效益设计相应的转移支付契约，契约形式可以通过式（4－5）至式（4－7）求得。由于国家重点生态功能区内资源价值类别是可观察的，因此，契约结构 $[s_{0,k}, s_{n,k}]$ 只需满足县级政府的参与约束，就能设计出最优的转移支付契约，通过奖罚措施促使县级政府提供与资源价值类别相符的保护努力。与理论模型相对应，也为便于后面的模拟检验，本书假定在该信息条件下，县级政府对 $l$ 类别的资源只提供基本保护努力而不提供更多保护努力，中央政府不进行支付，即 $s_{0,l} = 0$。下面来求导两种类别资源的成本最小化的转移支付契约结构。

当 $k = l$ 时，满足约束条件式（4－6）的最优化的一阶条件为：

$EU_l[\pi_l, S_l] = U_0$

由于 $EU_l[\pi_l, S_l] = \pi_l + EC(S_l)$，而且对于 $l$ 类别资源，企业可以选择基本努力或 $l$ 努力，因此根据式（4－4），有：

$EU_l[\pi_l, S_l] = \pi_l + EC(S_l) = \pi_l + \rho_{0,l,l} \times s_{0,l} + \rho_{n,l,l} \times s_{n,l}$

又有 $s_{0,l} = 0$，所以：

$EU_l[\pi_l, S_l] = \pi_l + \rho_{n,l,l} \times s_{n,l}$

$= \pi_l + \rho_{n,l,l} \times s_{n,l} + \rho_{n,l,l} \times \pi_l - \rho_{n,l,l} \times \pi_l$

$$= \pi_l + \rho_{n,l,l} \{ (\pi_l + s_{n,l}) - \pi_l \}$$

上式可改写为:

$$EU_l [\pi_l, S_l] = U (\pi_l) + \rho_{n,l,l} \{ U (\pi_l + s_{n,l}) - U (\pi_l) \}$$

对上式变形可得:

$$U (\pi_l) + \rho_{n,l,l} \{ U (\pi_l + s_{n,l}) - U (\pi_l) \} = U_0$$

也即:

$$\rho_{n,l,l} \{ U (\pi_l + s_{n,l}) - U (\pi_l) \} = U_0 - U (\pi_l)$$

上式即为 $l$ 类别资源转移支付的最优契约结构。

当 $k = h$ 时, 由约束条件式 (4-6) 的最优化的一阶条件为:

$$EU_l [\pi_l, S_l] = U_0$$

由激励相容条件式 (4-7) 的最优化的一阶条件为:

$$EU_h [\pi_h, S_h] = U_h [\pi_l, S_h]$$

所以有:

$$U_h [\pi_l, S_h] = U_0$$

根据式 (4-4) 有:

$$EU_h [\pi_l, S_h] = \pi_l + EC (S_h)$$
$$= \pi_l + \rho_{0,l,h} \times s_{0,h} + \rho_{n,l,h} \times s_{n,h}$$
$$= \pi_l + \rho_{n,l,h} \times \pi_l - \rho_{n,l,h} \times \pi_l + \rho_{0,l,h} \times s_{0,h} + \rho_{n,l,h} \times s_{n,h}$$

又有 $\rho_{0,l,h} + \rho_{n,l,h} = 1$, 所以:

$$EU_h [\pi_l, S_h] = \pi_l + \rho_{n,l,h} [ (\pi_l + s_{n,h}) - (\pi_l + s_{0,h}) ] + s_{0,h}$$
$$= U [\pi_l + s_{0,h}] + \rho_{n,l,h} \{ U [\pi_l + s_{n,h}] - U [\pi_l + s_{0,h}] \}$$

又有 $U_h [\pi_l, S_h] = U_0$, 所以有:

$$\rho_{n,l,h} \{ U [\pi_l + s_{n,h}] - U [\pi_l + s_{0,h}] \} = U_0 - U [\pi_l + s_{0,h}]$$

上式即为 $h$ 类别资源的最优转移支付契约结构。

因此, 两种类别资源的成本最小化的转移支付必须满足:

$l$ 类别资源: $\rho_{n,l,l} \{ U[\pi_l + s_{n,l}] - U[\pi_l] \} = U_0 - U[\pi_l]$ （4-10)

$h$ 类别资源: $\rho_{n,l,h} \{ U[\pi_l + s_{n,h}] - U[\pi_l + s_{0,h}] \} = U_0 - U[\pi_l + s_{0,h}]$ （4-11)

式 (4-10) 表明, $l$ 类别资源与完全信息状况相同下的转移支付相同, $s_{n,l}$ 是中央政府唯一的可控制变量, 确定 $s_{n,l}$ 就可以实现县级政府满足 $l$ 类别资源保护的参与约束条件和激励相容条件。同时, 要使县级政府为 $l$ 类别的资源提供 $a_l$ 努力, 就要保证县级政府提供 $a_l$ 努力和 $a_0$ 努力带来的预期边际效用等于相应的边际成本。式（4-11）表明，县级政府提供 $a_h$ 保护努力的最佳契约结构由选择 $a_l$ 保护努力效用加上 $h$ 类别的资源相关支付的边际值与选择 $a_0$ 保护努力获得的超过 $a_l$ 的效用相等的解决定。也可以解释为，选择 $a_l$ 得到的转移支付可能是 $s_{0,h}$，也可能是 $s_{n,h}$，要想使县级政府对 $h$ 类别的资源选择 $a_h$ 努力而不是 $a_l$ 努力，就要使县级政府选择 $a_h$ 时的预期的边际收益等于边际成本。

与完全信息状况相比，在县级政府隐藏努力信息状况下，中央政府将承担所有风险，并需要额外支付一部分风险金 $r_k$ 来补偿县级政府的风险成本，以保证契约满足参与约束。

由式（4-10）可知：

$\rho_{n,l,l} \times s_{n,l} = U_0 - U(\pi_l) + r_l = c_l + r_l$，也即 $s_{n,l} = (c_l + r_l) / \rho_{n,l,l}$

由式（4-6）可知：

$\pi_h + \rho_{n,h,h} \times s_{n,h} + \rho_{0,h,h} \times s_{0,h} = \pi_0 + r_h$

又有 $\rho_{n,h,h} = 1 - \rho_{0,h,h}$，所以有：

$s_{n,h} = [(c_h + r_h) - \rho_{0,h,h} \times s_{0,h}] / \rho_{n,h,h}$

$s_{0,h} = [(c_h + r_h) - \rho_{n,h,h} \times s_{0,h}] / \rho_{0,h,h}$

此时，中央政府制定的生态补偿转移支付最优激励契约需要向不同类别资源支付的转移支付为：

$l$ 类别资源：$s_{n,l} = (c_l + r_l) / \rho_{n,l,l}$；

$s_{0,l} = 0$ 　　　　　　　　　　　　　　　　　　　　　　　　　（4-12）

$h$ 类别资源：$s_{n,h} = [(c_h + r_h) - \rho_{0,h,h} \times s_{0,h}] / \rho_{n,h,h}$；

$s_{0,h} = [(c_h + r_h) - \rho_{n,h,h} \times s_{0,h}] / \rho_{0,h,h}$ 　　　　　　　（4-13）

### （三）双重隐藏信息状况下的国家重点生态功能区转移支付契约形式

当县级政府的资源保护努力和国家重点生态功能区资源价值类别信息都不可观察时，中央政府只能根据生态效益 $P_j$ 设计转移支付契约，此时，还要引入一个防止县级政府故意错误地传递资源价值类别，以致对 $h$ 类别资源提供 $a_l$ 而不是合意的 $a_h$ 保护努力的激励约束。中央政府不能完全了解资源价值类别，只能给出一个包括 $l$ 和 $h$ 类别资源的综合契约，即 $s_n^* = s_{n,h} = s_{n,l}$、$s_0^* = s_{0,h} = s_{0,l}$，对两种价值类别资源提供相同的契约。此时契约目标是诱使县级政府为相应价值类别的资源提供相应的保护努力[①]。

当代理人是风险中性时，其努力程度是否可观察对风险分担没有影响，这种状况与风险规避代理人努力程度可观测情况相同；而在隐藏信息条件下，代理人是风险中性还是风险规避对其选择无影响，因为代理人没有不确定性，因此，隐藏信息条件下风险规避县级政府的契约形式和双重隐藏信息下风险中性县级政府的契约形式相同。在假定中央政府是风险中性后，假定县级政府也是风险中性的，这时县级政府的边际效用恒定，与保护努力无关[312]。这时契约转变为资源价值类别不可观测状况下的契约，县级政府获得的转移支付只有信息租金而没有风险贴水。县级政府的风险属性为中性时可得：

$$U[\pi_i + s_i] = \pi_i + s_i \quad i = l, h \qquad (4-14)$$

为了激励县级政府为 $l$ 和 $h$ 类别资源提供相应的保护努力，中央政府成本最小化问题除满足式（4-5）至式（4-7）外，还要受县级政府提供给相应价值类别资源相应保护努力的激励相容条件约束。也就是要确定 $P_{n,l}$、$P_{n,h}$ 和 $a_0$、$a_l$、$a_h$ 三个努力程度的单一组合，形成一个有约束力的激励保证县级政府对 $h$ 类别的资源提供 $a_h$ 而不是 $a_0$ 或 $a_l$ 保护努力；对 $l$ 类别的资源提供 $a_l$ 而不是 $a_0$ 保护努力。当 $\rho_{n,0,k} = 0$ 时，$\rho_{n,l,k} > 0$、$\rho_{n,h,k} > 0$，且中央政府和县级政府都是风险中性。接下来本书求解此时中央政府最优的生态补偿转移支付。

县级政府是风险中性的，意味着 $\partial\pi/\partial a = 1$，$\partial^2\pi/\partial a^2 = 0$，即激励结构与不同特征资源所需保护努力水平无关，而取决于该资源的特征类型。

当 $k = l$ 时，

满足约束条件式（4-6）的最优化的一阶条件为：

$$EU_l[\pi_l, S_l] = U_0$$

根据式（4-10）有：

$$EU_l[\pi_l, S_l] = \pi_l + EC(S_l)$$
$$= \pi_l + \rho_{0,l,l} \times s_{0,l} + \rho_{n,l,l} \times s_{n,l} = \pi_0$$

所以有：

$s_0^* = s_{0,l} = (c_l - \rho_{n,l,l} \times s_{n,l}) / \rho_{0,l,l}$

当 $k = h$ 时，

由激励相容条件式（4-7）的最优化的一阶条件为：

$EU_h[\pi_h, S_h] = U_h[\pi_l, S_h]$

$\pi_h + \rho_{n,h,h} \times s_{n,h} + \rho_{0,h,h} \times s_{0,h} = \pi_l + \rho_{n,l,h} \times s_{n,h} + \rho_{0,l,h} \times s_{0,h}$

又有 $c_i = \pi_0 - \pi_i$，所以有：

$-c_h + \rho_{n,h,h} \times s_{n,h} + \rho_{0,h,h} \times s_{0,h} = -c_l + \rho_{n,l,h} \times s_{n,h} + \rho_{0,l,h} \times s_{0,h}$

即：

$(\rho_{n,h,h} - \rho_{n,h,h}) \times s_{n,h} = c_h - c_l + (\rho_{n,h,h} - \rho_{n,h,h}) \times s_{0,h}$

将 $s_{0,l} = s_0^*$ 代入上式可得：

$(\rho_{n,h,h} - \rho_{n,h,h}) \times s_{n,h} = c_h - c_l + (\rho_{n,h,h} - \rho_{n,h,h}) \times [(c_l - \rho_{n,l,l} \times s_{n,l}) / \rho_{0,l,l}]$

上式整理可得：

$(\rho_{n,h,h} - \rho_{n,h,h}) \times s_{n,h} = \rho_{0,l,l} \times (c_h - c_l) + (\rho_{n,h,h} - \rho_{n,h,h}) \times c_l$

所以有：

$s_n^* = s_{n,h} = s_{n,l} = c_l + (c_h - c_l) \times [\rho_{0,l,l} / (\rho_{n,h,h} - \rho_{n,l,h})]$

将上式代入 $s_0^*$ 中可得：

$s_0^* = s_{0,h} = s_{0,l} = c_l - (c_h - c_l) \times [\rho_{n,l,l} / (\rho_{n,h,h} - \rho_{n,l,h})]$

因此，可以得到双重隐藏信息条件下的最优转移支付契约的激励结构为：

$$s_0^* = c_l - (c_h - c_l) \times [\rho_{n,l,l} / (\rho_{n,h,h} - \rho_{n,l,h})] \tag{4-15}$$

$$s_n^* = c_l + (c_h - c_l) \times [\rho_{0,l,l} / (\rho_{n,h,h} - \rho_{n,l,h})] \tag{4-16}$$

这一激励结构除满足式（4-5）至式（4-7）外，县级政府还能获得一个由资源价值类别决定的期望转移支付，激励其根据资源价值类别选择相应的保护努力。

由式（4-1）、式（4-15）和式（4-16）可知，双重隐藏信息状况下最优契约的预期转移支付为：

$$E_l[S] = c_l \tag{4-17}$$

$$E_h[S] = c_l + (c_h - c_l) \times (\rho_{n,h,h} - \rho_{n,l,l}) / (\rho_{n,h,h} - \rho_{n,l,h}) \tag{4-18}$$

在双重隐藏信息状况下，当中央政府和县级政府的风险属性都为中性时，中央政府提供给县级政府的 $l$ 类别资源转移支付刚好等于保护成本的期望值，但由于资源类别信息的不对称，中央政府要对 $h$ 类别资源提供高于保护成本期望的转移支付，县级政府获得信息租金 $v$。

由 $E_h(v) = E_h[S] - c_h$，可得：

$$E_h(v) = E_h[S] - c_h = c_l + (c_h - c_l) \times (\rho_{n,h,h} - \rho_{n,l,l})/(\rho_{n,h,h} - \rho_{n,l,h}) - c_h$$

$$= (c_h - c_l) \times (\rho_{n,l,h} - \rho_{n,l,l})/(\rho_{n,h,h} - \rho_{n,l,h}) \qquad (4-19)$$

式（4-9）表明，信息租金 $v$ 包括两部分，第一部分为 $(c_h - c_l)$，是县级政府保护努力从 $a_l$ 到 $a_h$ 时成本的增加。第二部分为 $(\rho_{n,l,h} - \rho_{n,l,l})/(\rho_{n,h,h} - \rho_{n,l,h})$，由两方面构成，$(\rho_{n,l,h} - \rho_{n,l,l})$ 为由资源价值类别决定的，县级政府提供 $a_l$ 保护努力获得生态效益为 $P_n$ 的概率差别；$(\rho_{n,h,h} - \rho_{n,l,h})$ 为县级政府为 $h$ 类别资源提供 $a_h$ 和 $a_l$ 保护努力产生生态效益为 $P_n$ 的概率差别。通过先前的假定可知信息租金的第二部分是正的。

### （四）转移支付契约成本影响因素变动的比较分析

国家重点生态功能区转移支付委托—代理契约的成本随着县级政府保护成本和可观察生态效益的概率变化而变化。通过比较分析得到三个重要的结论：

结论1：在隐藏保护努力信息状况下，中央政府总的生态保护成本 $W = E[C(S_k)]$ 随 $l$ 类别和 $h$ 类别资源的保护成本上升而上升。对于相同的 $s_{0,k}$、$s_{n,k}$，有：

$$\partial W_l/\partial c_l > 0; \quad \partial W_h/\partial c_h > 0$$

证明：当 $k = l$ 时，中央政府总的生态补偿机会成本为：

$$W_l = E[C(S_l)] = m\beta(\rho_{n,l,l} \times s_{n,l} + \rho_{0,l,l} \times s_{0,l} + F_l)$$

将式（4-12）代入可得：

$$W_l = E[C(S_l)] = m\beta[\rho_{n,l,l} \times (c_l + r_l)/\rho_{n,l,l} + F_l] = m\beta(c_l + r_l + F_l)$$

对 $W_l$ 求 $c_l$ 的偏导数可得：

$$\partial W_l/\partial c_l = m\beta(1 + \partial r_l/\partial c_l) > 0$$

当 $k = h$ 时，中央政府总的生态补偿机会成本为：

$$W_h = E[C(S_h)] = m\beta(\rho_{n,h,h} \times s_{n,h} + \rho_{0,h,h} \times s_{0,h} + F_l)$$

将式（4-13）代入可得：

$$W_h = E[C(S_h)] = m\beta[(c_h + r_h) - (1 - \rho_{n,h,h}) \times s_{0,h} + \rho_{0,h,h} \times s_{0,h} + F_l] = m\beta(c_h + r_h + F_l)$$

对 $W_h$ 求 $c_h$ 的偏导数可得：

$$\partial W_h/\partial c_h = m\beta(1 + \partial r_h/\partial c_h) > 0$$

因此，总成本受参与约束和激励相容条件的影响，在隐藏努力信息条件下，为了满足参与约束条件，中央政府提供的生态补偿转移支付随着保护成本的上升而上升。在现实中，这是很容易理解的。

结论2：在双重隐藏信息状况下，国家重点生态功能区内 $h$ 类别资源的信息租金随着 $h$ 类别资源保护成本的上升而上升，但随着 $l$ 类别资源保护成本的上升而下降。相同的 $s_0^*$、$s_n^*$，有：

$$\partial E_h(v)/\partial c_h > 0, \quad \partial E_h(v)/\partial c_l < 0$$

证明：由于企业的风险属性是风险中性或风险规避的，因此并不能改变信息租金的变化情况，对式（4-19）分别求 $c_h$ 和 $c_l$ 的偏导数可得：

$$\partial E_h(v)/\partial c_h = (\rho_{n,l,h} - \rho_{n,l,l})/(\rho_{n,h,h} - \rho_{n,l,h})$$

$$\partial E_h(v)/\partial c_l = -(\rho_{n,l,h} - \rho_{n,l,l})/(\rho_{n,h,h} - \rho_{n,l,h})$$

根据实际情况，我们可知 $\rho_{j,i,k}$ 必然具有如下性质：第一，对同一类别的资源，期望保护努力提供的社会效益必然随保护努力程度的增加而增加，所以有 $\rho_{n,h,h} > \rho_{n,l,h}$；第二，当保护努力程度相同时，$h$ 类别的资源比 $l$ 类别的资源更容易提供社会效益 $P_n$，所以有 $\rho_{n,l,h} > \rho_{n,l,l}$。因此可知：

$$\partial E_h(v)/\partial c_h > 0, \quad \partial E_h(v)/\partial c_l < 0$$

结论2表明，为了防止资源价值类别被错误地表达，$h$ 类别资源的信息租金必须随着保护成本的上升而上升，而 $l$ 类别资源保护成本的上升，$h$ 类别资源必要的信息租金就会下降。

结论3：在双重隐藏信息状况下，$h$ 类别资源的信息租金随着县级政府提供给 $h$ 类别资源 $a_l$ 努力产出生态效益为 $P_n$ 的概率增加而增加，但随着县级政府提供给 $l$ 类别资源 $a_l$ 努力产出生态效益为 $P_n$ 的概率增加而减少。对于相同的 $s_0^*$、$s_n^*$，有：

$$\partial E_h(v)/\partial \rho_{n,l,h} > 0, \quad \partial E_h(v)/\partial \rho_{n,l,l} < 0$$

证明：对式（4-19）求 $\partial \rho_{n,l,h}$ 的偏导数可得：

$$\partial E_h(v)/\partial \rho_{n,l,h} = (c_h - c_l)[(\rho_{n,h,h} - \rho_{n,l,l})/(\rho_{n,h,h} - \rho_{n,l,h})^2]$$

又由 $\rho_{j,i,k}$ 的两个性质可知：$\rho_{n,h,h} > \rho_{n,l,h}$，$\rho_{n,l,h} > \rho_{n,l,l}$，既有 $\rho_{n,h,h} > \rho_{n,l,l}$，因此可得出：$\partial E_h(v)/\partial \rho_{n,l,h} > 0$。

对式（4-19）求 $\partial \rho_{n,l,l}$ 的偏导数可得：

$$\partial E_h(v)/\partial \rho_{n,l,l} = -(c_h - c_l)/(\rho_{n,h,h} - \rho_{n,l,h}) < 0$$

结论3表明，$h$ 类别资源的信息租金必然随着 $a_l$ 保护努力提供的两类资源的社会效益 $P_n$ 的概率的差别的增加而增加，此时可以减小资源类别被错误表达的可能性。

以上推导出的结论是下一节进行数值模拟的基础,我们将找出一个特殊变量,通过该变量的变化来分析不完全信息状况下生态补偿契约总成本的变化。

# 三、转移支付契约成本影响因素变动的数值模拟

## (一) 数值设定

由于保留收益和保护努力成本的大小仅影响转移支付的规模,不会对数值的正负产生影响,因此,本书假定县级政府对国家重点生态功能区内资源开发得到的独立于资源价值类别、保护努力为 $a_0$ 的保留利润为 $\pi_0 = 5000$[①];保护努力 $a_l$ 和 $a_h$ 将分别减少县级政府10%和20%的保留利润,即 $c_l = 500$, $c_h = 1000$;$l$ 和 $h$ 类别资源的比例各为50%。Bardsley 和 Burfurd(2013)[313]在设计生态服务拍卖契约时将风险规避系数确定为0.5,而我国县级政府作为转移支付契约的代理人,其风险偏好程度会高于与自身利益密切相关的地主,因此,假设县级政府对各价值类别的资源的风险规避系数都为0.75。县级政府的期望效用满足:

$$U_{j,i,k}\,[R]\;=U_{j,i,k}\,[R]^{0.75}\quad j=0,\ n,\ i=l,\ h,\ k=l,\ h$$

$R$ 表示县级政府在国家重点生态功能区内进行适度开发加上中央政府的转移支付确定的净收益。根据式(4-4),上式可以写为:

$$U_{j,i,l}[R]=\rho_{0,i,l}\times U[\pi_0-c_i+s_{0,l}]^{0.75}+\rho_{n,i,l}U[\pi_0-c_i-s_{n,l}]^{0.75} \tag{4-20}$$

$$U_{j,i,h}[R]=\rho_{0,i,h}\times U[\pi_0-c_i+s_{0,h}]^{0.75}+\rho_{n,i,h}U[\pi_0-c_i-s_{n,h}]^{0.75} \tag{4-21}$$

对于生态资源保护产出概率的假定如表4-1所示。从表4-1可知,$l$ 类别资源的 $\rho_{0,0,l}$、$\rho_{0,l,l}$ 和 $\rho_{0,h,l}$ 分别为100%、80%和65%,而相应的 $\rho_{n,0,l}$、$\rho_{n,l,l}$ 和 $\rho_{n,h,l}$ 为0、20%、35%。$h$ 类别资源的 $\rho_{0,0,h}$、$\rho_{0,l,h}$ 和 $\rho_{0,h,h}$ 分别为100%、70%和50%,而相应的 $\rho_{n,0,h}$、$\rho_{n,l,h}$ 和 $\rho_{n,h,h}$ 为0、30%、50%。为了计算方便,假定国家重点生态功能区内两类资源各占50%。

---

① 本书同样尝试了将保留收益设定为3000、5000和8000的情形,发现会对所有状况下的契约无效率的绝对大小同时产生影响,但不影响各种状况下契约无效率的相对大小。因此本书将保留收益最终确立为5000进行数值模拟。

表 4 – 1　资源保护产出的概率（$\rho_{j,i,k}$）分布

| 资源类别（所占比例） | | $l$ 类别资源（50%） | | $h$ 类别资源（50%） | |
|---|---|---|---|---|---|
| 努力程度 | 成本 $c$ | $P_0$ | $P_n$ | $P_0$ | $P_n$ |
| $a_0$ | 0 | 1 | 0 | 1 | 0 |
| $a_l$ | 500 | 0.8 | 0.2 | 0.7 | 0.3 |
| $a_h$ | 1000 | 0.65 | 0.35 | 0.5 | 0.5 |

### （二）数值模拟分析

本部分对信息不对称条件下契约影响因素的变动进行数值模拟，讨论不同信息结构下不同价值类别资源比例、保护成本差异及保护努力达到目标的概率等因素对契约成本的影响。

1. 保护成本不变时的数值模拟结果

表 4 – 2 为给定条件下中央政府的预期转移支付和转移支付契约结构（$s_0$ 和 $s_n$）、县级政府的期望效用和真实保护成本、契约成本和契约无效率的数值。这些数值是根据第三部分中各信息状况下契约结构计算公式计算出的：$E（S）$ 由式（4–1）计算所得；县级政府期望效用由式（4–20）、式（4–21）计算所得；$s_{0,k}$、$s_{n,k}$ 由各信息状况下的计算方法得到。信息不对称导致中央政府多出的转移支付与县级政府实际成本的比为契约无效率，在两类资源各占 50% 时，整个契约无效率由中央政府对两类资源实际多出的支付除以 750 得到。

表 4 – 2　不同信息状况下的保护契约

| 信息状态 | 完全信息 | | | 隐藏保护努力信息 | | | 隐藏价值类别信息 | | | 双重隐藏信息 | | |
|---|---|---|---|---|---|---|---|---|---|---|---|---|
| 资源特征 | $l$ | $h$ | 合计 | $l$ | $h$ | 合计 | $l$ | $h$ | 合计 | $l$ | $h$ | 合计 |
| 所占比例 | 50% | 50% | 1 | 50% | 50% | 1 | 50% | 50% | 1 | 50% | 50% | 1 |
| 预期支付 $E（S）$ | 500 | 1000 | 750 | 524.51 | 1215.9 | 870.21 | 500 | 1250 | 875 | 587.2 | 1461.1 | 1014.2 |
| $s_{0,k}$ | 500 | 1000 | | 0 | −975.6 | | 0 | | | −26.7 | −26.7 | |
| $s_{n,k}$ | 500 | 1000 | | 2622.56 | 3407.4 | | 2500 | 2500 | | 3042 | 3042 | |
| 县级政府期望效用 | 594.6 | 594.6 | | 594.60 | 603.14 | | 5000 | 5250 | | 599.45 | 678.14 | |
| 真实保护成本 | 500 | 1000 | 750 | 500 | 1000 | 750 | 500 | 1000 | 750 | 500 | 1000 | 750 |
| 契约成本 | 0 | 0 | 0 | 24.51 | 215.9 | 120.21 | 0 | 250 | 125 | 87 | 461 | 274.12 |

续表

| 信息状态 | 完全信息 | | | 隐藏保护努力信息 | | | 隐藏价值类别信息 | | | 双重隐藏信息 | | |
|---|---|---|---|---|---|---|---|---|---|---|---|---|
| 资源特征 | $l$ | $h$ | 合计 | $l$ | $h$ | 合计 | $l$ | $h$ | 合计 | $l$ | $h$ | 合计 |
| 单契约无效率（%） | 0 | 0 | | 4.90 | 21.5 | | 0 | 25 | | 17.4 | 46.1 | |
| 总契约无效率（%） | | | 0 | | | 16.03 | | | 16.67 | | | 36.55 |

注：契约成本是指中央政府实际多支付的保护成本，即预期支付与真实成本之差；契约无效率是指契约成本和真实成本之比。

在县级政府隐藏保护努力信息状况下，中央政府对两种类型资源的预期支付高于完全信息时的预期支付，并且 $h$ 类别资源有较高风险贴水导致其契约成本比 $l$ 类别资源契约成本高。风险规避型县级政府隐藏资源价值类别信息状况的结果与风险中性县级政府双重隐藏信息的环境类似，数值模拟结果显示，$h$ 类别资源获得了信息租金，而 $l$ 类别资源只获得了保护成本的转移支付补偿，也就是说，在本书的假设条件下，$l$ 类别资源的契约效率与完全信息状况下的契约效率相同，契约无效率主要来源于 $h$ 类别资源的信息租金。在风险规避型县级政府双重隐藏信息的环境下，县级政府可以根据资源价值类别的私人信息进行选择，可以通过 $h$ 类别资源获得一定的信息租金。

此外，县级政府隐藏保护努力和资源价值类别信息产生的契约总成本之和为32.7%（16.03% + 16.67%），小于双重隐藏信息状况下的契约无效率水平36.55%，表明县级政府双重隐藏信息状况下产生更多的信息问题。两者之差为3.85%，称之为信息附加值，表示双重隐藏信息状况引起的信息问题变化，这一值为正表示县级政府在双重隐藏信息状况下的信息问题加重，反之，则减轻。在双重隐藏信息状况下，$l$ 类别资源分别隐藏保护努力和资源价值类别信息的契约无效率水平之和小于双重隐藏信息的契约无效率水平（4.90% + 0% < 17.4%）；$h$ 类别资源分别隐藏保护努力和资源价值类别信息的契约无效率水平之和大于双重隐藏信息的契约无效率水平（21.5% + 25% > 46.1%）。由此得到结论4。

结论4：契约选择与保护努力信息和资源价值类别信息的相对重要性有关，中央政府可以通过信息不对称状况激励约束县级政府的资源保护行为。

2. 资源价值类别比例变化时的数值模拟

上述是 $l$、$h$ 类别资源各占50%的模拟分析，那么 $h$ 类别资源比例上升会导致契约成本如何变化？由前文可知，$\lambda$、（$1 - \lambda$）分别为 $h$、$l$ 类别资源所占比例。则契约成本可表示为：

契约成本 $= [\lambda \times E_h(S) + (1 - \lambda) \times E_l(S)] - [\lambda \times 1000 + (1 - \lambda) \times 500] = [E_l(S) - 500] + \lambda [E_h(S) - E_l(S) - 500]$

$[E_l(S) - 500]$ 与资源价值类别比无关，在隐藏保护努力信息、隐藏资源价值类别信息和双重隐藏信息顺序下，$[E_h(S) - E_l(S)]$ 的值分别为691.39、750、873.9。因此，随着 $\lambda$ 的增加，尽管 $l$、$h$ 类别资源的契约成本不变，但总的契约成本仍呈现减缓增长趋势。详见表4 – 3。

表4 – 3　契约无效率与 $h$ 类别资源比例 $\lambda$ 的关系

| 比例 $\lambda$ | 0% | 10% | 20% | 30% | 40% | 50% | 60% | 70% | 80% | 90% | 100% |
|---|---|---|---|---|---|---|---|---|---|---|---|
| 隐藏保护努力（%） | 4.90 | 7.94 | 10.46 | 12.60 | 14.44 | 16.03 | 17.42 | 18.65 | 19.74 | 20.71 | 21.59 |
| 隐藏价值类别（%） | 0 | 4.55 | 8.33 | 11.54 | 14.29 | 16.67 | 18.75 | 20.59 | 22.22 | 23.68 | 25.00 |
| 双重隐藏信息（%） | 17.44 | 22.65 | 27.00 | 30.67 | 33.82 | 36.55 | 38.94 | 41.05 | 42.92 | 44.60 | 46.11 |
| 信息附加值 | 12.54 | 10.16 | 8.21 | 6.53 | 5.09 | 3.85 | 2.77 | 1.81 | 0.96 | 0.21 | – 0.48 |

注：契约无效率 = 契约成本/ $[\lambda \times 1000 + (1 - \lambda) \times 500]$；信息附加值为保护努力和资源价值类别都隐藏的契约无效率减去分别隐藏的契约无效率。

此外，$h$ 类别资源比例上升对信息附加值的影响也是本书关注的重要问题，双重隐藏信息状况下的契约成本（$[\lambda \times 1461.1 + (1 - \lambda) \times 587.2] - [\lambda \times 1000 + (1 - \lambda) \times 500]$）分别减去县级政府隐藏保护努力信息条件下的契约成本（$[\lambda \times 1215.9 + (1 - \lambda) \times 524.51] - [\lambda \times 1000 + (1 - \lambda) \times 500]$）和县级政府隐藏生态资源价值类别信息条件下的契约成本（$[\lambda \times 1250 + (1 - \lambda) \times 500] - [\lambda \times 1000 + (1 - \lambda) \times 500]$），可得 $62.7 - 66.7\lambda$，这表明随着 $\lambda$ 的增加，双重隐藏信息与分别隐藏二者产生的契约无效率的差变小，在 $\lambda = 94\%$ 时出现逆转，分别隐藏保护努力信息和资源价值类别信息产生的契约无效率之和更大。由此可以推导出结论5。

结论5：总的契约成本取决于 $h$ 类别资源的比例，随着 $h$ 类别资源所占比例越大，契约无效率水平不断增加，总的契约成本越大，但信息附加值却呈现递减趋势。

3. 保护成本变化时的数值模拟

结论1表明，隐藏努力信息条件下，转移支付总的契约成本随着两类价值资源的保护成本上升而上升；结论 2 表明，双重隐藏信息条件下，$h$ 类别资源信息租金随其保护成本上升而上升，随 $l$ 类别资源保护成本上升而下降，这说明信息租金的变化并不像在隐藏保护努力信息时风险贴水的变化那样确定。这里模拟保护成本变化对契约成本的影响，如表 4 - 4 所示。

在隐藏保护努力信息条件下，随着保护成本的不断增加，县级政府要求获得的风险贴水上升，当保护成本增长 50% 时，$l$ 类别资源的风险贴水与保护成本的比例也即契约无效率水平由 4.90% 上升到 7.30%，增长约 0.5 倍；而 $h$ 类别资源的契约无效率水平由 21.50% 上升到 59.36%，增长 1.5 倍还多。这表明，即使在资源保护成本同比例增长的情况下，$h$ 类别资源的风险贴水增长幅度也快于 $l$ 类别资源风险贴水的增长幅度。中央政府预期转移支付的增加既有保护成本的增加又有风险贴水的增加。

在隐藏资源价值类别信息条件下，保护成本同比例变化使 $h$ 类别资源信息租金也同比例变化。由于两种价值类别的资源保护成本同比例增加，$h$ 类别资源信息租金相对于保护成本的比例没有改变，契约的非效率保持不变，仍为 25%。

在双重隐藏信息条件下，契约无效率水平的变动取决于风险贴水增长幅度与信息租金变化的相对大小，即由两方面决定的：一是 $c_l$、$c_h$ 引致的支付给 $h$ 类别资源的信息租金变化的净结果；二是 $l$、$h$ 类别资源风险贴水变化的净结果。只有 $h$ 类别资源的信息租金有净增长并且两种价值类别资源的风险贴水随着 $c_l$、$c_h$ 同时增长时，才能确定契约成本会随着保护成本的增加而增加。表 4 - 4 表明，两种价值类别资源的保护成本增加 50% 时，将总的契约成本从 274.2 提高到 547.5，契约的无效率从 36.55% 增加到 48.67%。

从表 4 - 4 还可以看到，在资源保护成本增加 20% 后，分别隐藏保护努力和资源价值类别信息产生的契约无效率之和为 40.93%（24.26% + 16.67%），大于双重隐藏信息时的契约无效率 40.60%，这表明前两者契约无效率严重于后者，通过比较也可以发现随着资源保护成本的增加，这种现象越来越严重，因此，随着保护成本的增加，双重隐藏信息状况下的契约更具有效率。由此得到结论 6。

结论 6：在双重隐藏信息状况下，随着县级政府生态环境保护成本的增加，生态补偿契约无效率水平增加，并且高价值类别资源无效率水平增加值会高于低价值类别资源无效率水平的增加值。

表4-4 不同信息环境中的保护成本和契约无效率

| 信息状态 | 完全信息 | | | 隐藏保护努力信息 | | | 隐藏资源价值类别信息 | | | 双重隐藏信息 | | |
|---|---|---|---|---|---|---|---|---|---|---|---|---|
| 资源特征 | $l$ | $h$ | 合计 | $l$ | $h$ | 合计 | $l$ | $h$ | 合计 | $l$ | $h$ | 合计 |
| 所占比例 | 50% | 50% | 1 | 50% | 50% | 1 | 50% | 50% | 1 | 50% | 50% | 1 |
| 预期支付 $E(S)$ | 500 | 1000 | 750 | 524.5 | 1215.9 | 870.2 | 500 | 1250 | 875 | 587.2 | 1461.1 | 1024.2 |
| 保护成本 | 500 | 1000 | 750 | 500 | 1000 | 750 | 500 | 1000 | 750 | 500 | 1000 | 750 |
| 契约无效率 | 0% | 0% | 0% | 4.90% | 21.50% | 16.03% | 0% | 25.00% | 16.67% | 17.40% | 46.10% | 36.55% |
| 预期支付 $E(S)$ | 550 | 1100 | 825 | 579.6 | 1398.5 | 989.1 | 550 | 1375 | 962.5 | 658.0 | 1626.6 | 1142.3 |
| 保护成本（增加10%） | 550 | 1100 | 825 | 550 | 1100 | 825 | 550 | 1100 | 825 | 550 | 1100 | 825 |
| 契约无效率 | 0% | 0% | 0% | 5.38% | 27.14% | 19.89% | 0% | 25.00% | 16.67% | 19.63% | 47.87% | 38.46% |
| 预期支付 $E(S)$ | 600 | 1200 | 900 | 635.2 | 1601.5 | 1118.4 | 600 | 1500 | 1050 | 731.8 | 1799.0 | 1265.4 |
| 保护成本（增加20%） | 600 | 1200 | 900 | 600 | 1200 | 900 | 600 | 1200 | 900 | 600 | 1200 | 900 |
| 契约无效率 | 0% | 0% | 0% | 5.86% | 33.46% | 24.26% | 0% | 25.00% | 16.67% | 21.97% | 49.92% | 40.60% |
| 预期支付 $E(S)$ | 650 | 1300 | 975 | 691.2 | 1822.7 | 1257 | 650 | 1625 | 1137.5 | 808.7 | 1980.0 | 1394.4 |
| 保护成本（增加30%） | 650 | 1300 | 975 | 650 | 1300 | 975 | 650 | 1300 | 975 | 650 | 1300 | 975 |
| 契约无效率 | 0% | 0% | 0% | 6.34% | 40.21% | 28.92% | 0% | 25.00% | 16.67% | 24.42% | 52.31% | 43.01% |
| 预期支付 $E(S)$ | 700 | 1400 | 1050 | 747.7 | 2064.6 | 1406.1 | 700 | 1750 | 1225 | 889.9 | 2168.5 | 1529.2 |
| 保护成本（增加40%） | 700 | 1400 | 1050 | 700 | 1400 | 1050 | 700 | 1400 | 1050 | 700 | 1400 | 1050 |
| 契约无效率 | 0% | 0% | 0% | 6.82% | 47.47% | 33.92% | 0% | 25.00% | 16.67% | 27.13% | 54.89% | 45.64% |
| 预期支付 $E(S)$ | 750 | 1500 | 1125 | 804.8 | 2390.4 | 1597.6 | 750 | 1875 | 1312.5 | 973.95 | 2371.05 | 1672.5 |
| 保护成本（增加50%） | 750 | 1500 | 1125 | 750 | 1500 | 1125 | 750 | 1500 | 1125 | 750 | 1500 | 1125 |
| 契约无效率 | 0% | 0% | 0% | 7.30% | 59.36% | 42.01% | 0% | 25.00% | 16.67% | 29.86% | 58.07% | 48.67% |

4. 契约成本和契约无效率的边际数值模拟

进一步分析保护成本增加时，契约成本和无效率的边际变化，如表4－5所示，随着保护成本同比例增长，隐藏保护努力信息时契约成本及契约非效率增加值快于双重隐藏信息时二者的增长。原因是在前者的信息条件下，保护成本的增加大大提高了$h$类别资源的风险贴水，但这一风险贴水在后者的信息条件下得到了部分的抵销。对于政府而言，风险贴水在最佳合约中是必须得到弥补的，但政府可以通过获取资源价值类别信息来选择给付信息租金的大小。随着保护成本的不断增加，双重隐藏信息条件下的契约吸引力是不断增强的，因为最终隐藏保护努力信息条件下的契约成本将超过前者的契约成本，这在国家重点生态功能区中$h$类别资源比例较高时情况尤其如此。

表4－5　保护成本增加时订约成本和契约效率的边际增加

| 信息状况 | 隐藏保护努力 | | | 隐藏资源价值类别 | | | 双重隐藏信息 | | |
|---|---|---|---|---|---|---|---|---|---|
| 价值类别 | $l$ | $h$ | 合计 | $l$ | $h$ | 合计 | $l$ | $h$ | 合计 |
| 保护成本 | 契约成本边际增加 | | | | | | | | |
| 增加10% | 5.1 | 82.6 | 43.9 | 0 | 25 | 12.5 | 20.8 | 65.5 | 43.2 |
| 增加20% | 5.6 | 103 | 54.3 | 0 | 25 | 12.5 | 23.8 | 72.4 | 48.1 |
| 增加30% | 6 | 121.2 | 63.6 | 0 | 25 | 12.5 | 26.9 | 81 | 53.95 |
| 增加40% | 6.5 | 141.9 | 74.1 | 0 | 25 | 12.5 | 31.2 | 88.5 | 59.85 |
| 增加50% | 7.1 | 225.8 | 116.5 | 0 | 25 | 12.5 | 34.05 | 102.55 | 68.3 |
| 保护成本 | 契约无效率的边际增加（%） | | | | | | | | |
| 增加10% | 0.48 | 5.64 | 3.86 | 0 | 0 | 0 | 2.23 | 1.77 | 1.91 |
| 增加20% | 0.48 | 6.32 | 4.37 | 0 | 0 | 0 | 2.34 | 2.05 | 2.14 |
| 增加30% | 0.48 | 6.75 | 4.66 | 0 | 0 | 0 | 2.45 | 2.39 | 2.41 |
| 增加40% | 0.48 | 7.26 | 5 | 0 | 0 | 0 | 2.71 | 2.58 | 2.63 |
| 增加50% | 0.48 | 11.89 | 8.09 | 0 | 0 | 0 | 2.73 | 3.18 | 3.03 |

通过表4－5的分析，可以得到本书的另一个结论：

结论7：在隐藏保护努力和双重隐藏信息状况下，不同价值类别资源的保护成本差别越大，企业获取$h$类别资源的信息租金越大，契约成本也越大。

# 四、本章主要结论及政策建议

## （一）主要结论

本书以我国生态转移支付契约的典型案例——国家重点生态功能区转移支付政策的实施为例，通过扩展一期的"委托—代理"模型来设计隐藏信息、隐藏行动和双隐藏三种条件下的生态补偿契约，进而运用成本效益分析法对不同价值类别的资源比例、保护成本差异以及保护努力达到目标的概率等因素对最优契约成本的影响进行数据模拟，探讨不同信息不对称状况下中央政府的最优行为选择和契约选择，完善生态补偿契约设计和成本效益分析理论。

通过理论分析可知：在中央政府不了解县级政府生态保护努力信息的条件下，中央政府总的生态补偿成本会随着国家重点生态功能区资源保护成本的上升而上升。在中央政府既不了解县级政府保护努力程度又不了解国家重点生态功能区内资源价值差异的条件下，国家重点生态功能区内高价值资源的信息租金随着其保护成本的上升而上升，但随着低价值资源保护成本的上升而下降；高价值资源的信息租金随着县级政府提供低努力产出高生态效益的概率增加而增加，但随着县级政府提供给低价值资源低努力产出高生态效益概率的增加而减少。

通过数值模拟，得到以下结论：一是契约选择与保护努力信息和资源价值类别信息二者的相对重要性有关，中央政府可以根据具体的信息不对称状况激励约束县级政府的资源保护行为；二是总的契约成本取决于高价值资源的比例，其比例越大，契约成本越大，但信息附加值却呈现递减趋势；三是在双重隐藏条件下，随着县级政府保护成本的增加，契约无效率水平增加，并且高价值资源无效率水平增加值高于低价值资源无效率水平增加值，不同价值类别资源的保护成本差别越大，县级政府获取高价值资源的信息租金越大，契约成本也越大。

## （二）政策建议

对于国家重点生态功能区转移支付的拨付，财政部是根据生态环境质量指标体系对生态补偿效果进行年度考核，并据此决定下一年的转移支付金额，但这种事后考核方法面临的信息不对称（隐藏环境保护与生态建设行为以及隐藏不同价值资源的比例）问题较大，极易造成县级政府生态环境保护行为缺失，影响转移支付的生态补偿效率。

中央政府在不能获得完全信息的条件下，应根据获得县级政府保护情况和重点生态功能区内不同价值资源比例情况的难易状况进行权衡，依据具体情况提供多样化的生态补偿契约，实现社会期望福利最大化（Salzman，2005）[314]。通过理论分析和数值模拟，并借鉴生态补偿转移支付实施的国际经验，笔者认为我国应建立独立的生态补偿转移支付制度，中央政府应依据地方政府保护努力水平和国家重点生态功能区资源状况的信息结构设计转移支付契约，根据可获得的地方政府行为和保护区生态效益信息确定生态补偿金额，改变现有的依据财政缺口来确定国家重点生态功能区转移支付水平的方式，兼顾转移支付的效率和公平。结合本书的结论，对完善国家重点生态功能区转移支付契约提出以下政策建议：

第一，在中央政府不了解县级政府生态保护努力程度的条件下，中央政府可以根据资源的不同价值提供相宜的生态补偿的转移支付契约，提高生态补偿转移支付政策的效率，生态补偿转移支付标准应结合资源价值状况。但当国家重点生态功能区高价值类别的资源比例较高时，可以对该区内所有资源（包括低价值类别资源）设定统一的契约来降低隐藏资源保护努力信息状况下的信息租金以提高契约效率，虽然对低价值类别资源采取和高价值类别资源相同的保护努力是没有效率的，但仍可能比对依据不同资源价值类别分别进行保护产生更多的社会效益，这样，第一种信息不对称（隐藏行为）条件下每一个国家重点生态功能区生态补偿转移支付契约的设计可根据契约的信息租金与契约成本之间的比较而抉择。

第二，在中央政府不了解国家重点生态功能区资源价值差异的条件下，中央政府应提供与县级政府资源保护努力相对应的生态补偿转移支付契约，此时确立的生态补偿转移支付标准应结合县级政府投入的保护成本状况。生态补偿契约的信息租金会随着高价值资源比例的上升而上升，因此，中央政府应根据国家重点生态功能区内高价值类别和低价值类别的生态资源比重信息制定不同的生态补偿标准和管理制度，从而减少风险贴水、提高资源保护绩效。

第三，在既不了解县级政府保护努力程度，又不了解国家重点生态功能区内资源价值差异的条件下，中央政府既要支付信息租金又要支付风险贴水，生态补偿契约的效率损失较大，生态补偿标准只能结合县级政府提供的生态效益来确定。而降低双方的信息不对称状况成为重点，中央政府应加大对地方政府生态环境保护行为和当地生态环境状况的监测，具体来说：一方面，可以加大对县级政府的监督检查力度，定期或者不定期地对部分县级政府的生态保护行为及生态环境状况进行抽查，保持县级政府保护生态环境，防治生态环境破坏的高压线。另一方面，可以激励当地公众参与生态环境保护的监督，把国家重点生态功能区的利益相关者制衡机制纳入生态转移支付制度之中，提高当地居民生态环境保护和监督的决策地位，使其监督建议及部分决策的权力得以制度化，逐渐提高其参与程度；此外，中央政府还可以增加物质激励，成立专门的生态保护激励基金，对积极参与生态保护共同治理的社会公众给予物质奖励，并在其他可能获得私人利益的项目和工作方面给予优先考虑。

# 五、小结

在发达国家中，一般是按照公开的规则（如投入、产出指标等）计算生态环境保护转移支付的配置方案，它依据客观数据做出分配决策，最大限度地规避分配环节可能产生的腐败问题，在透明度、公平性等方面具有显著的优势。但是，对于我国来说，我国的县级政府特别是国家重点生态功能区所在的县级政府一般位于贫困地区，县级政府的财政收入水平较低，有相当数量的县级政府甚至长期处于难以应付县级财政必要支出的窘境。这一现实处境迫使县级政府不得不分散自身的精力，甚至不合规使用国家重点生态功能区转移支付以改善自身处境。但由于中央政府和县级政府之间信息不对称状况的存在，前者很难察觉到后者的行为选择，只能不断完善激励机制，使后者的行为选择符合整体利益。

本章首先对第三章静态委托—代理模型进行扩展，对国家重点生态功能区转移支付办法进行理论分析，分析了隐藏信息、隐藏行动和双隐藏三种条件下的生态补偿契约的最优形式和最优转移支付金额。其次，分析了生态补偿契约效率及影响因素。最后，提出完善我国国家重点生态功能区转移支付激励机制的三点建议：一是在隐藏行为条件下，中央政府可以根据资源的不同价值提供相宜的生态补偿的转移支付契约，提高生态补偿转移支付政策的效率；二是在隐藏不同价值资源的比例条件下，中央政府应结合县级政府投入的保护成本状况提供生态补偿转移支付契约；三是在既隐藏行为又隐藏不同价值资源的比例的双重隐藏条件下，中央政府既要支付信息租金又要支付风险贴水，生态补偿标准要结合县级政府提供的生态效益来确定，降低信息不对称状况成为重点，中央政府应加大对地方政府生态环境保护行为和当地生态环境状况的监测，降低双方的信息不对称程度。

# 第五章  国家重点生态功能区转移支付激励机制的计量分析

本章根据理论分析部分的动态条件下共同代理模型及结论，实证研究动态条件下国家重点生态功能区转移支付的长效激励机制及县级政府财政收入水平、生态保护能力以及生态环境状况等方面异质性的影响。具体来说，本章首先对县级政府的双重目标进行分析，根据第三章的结论 3 和结论 4 提出本章待检验的命题；其次以陕西省国家重点生态功能区所在县级单位相关数据为研究样本，构建实证模型，并对主要数据进行统计性描述；再次实证检验国家重点生态功能区转移支付、县级政府财政收入水平、经济发展水平等因素对生态环境质量的影响，并在此基础上分组研究财政收入水平和生态保护能力对生态环境质量的影响；最后得出本章的研究结论，为完善国家重点生态功能区转移支付激励机制提供更有效的政策建议。

## 一、双重目标分析和命题的提出

### （一）双重目标分析

我国国家重点生态功能区处于经济发展较为落后的地区，这里的县级政府一般都面临财政收入水平较低、政绩考核压力较大的现实，可以肯定的是，这些县级政府必然面临生态环境保护和发展经济的双重目标的冲突与选择。

目标冲突则是因为代理人（县级政府）目标的复杂性，我国中央政府对地方官员实施的是以 GDP 为主要指标的绩效考核制度（周黎安，2004；聂辉华和李金波，2006）[315][316]，在这种绩效考核下，发展地方经济会给地方官员带来经济上的激励（Qian 和 Weingast，1996；林毅夫、刘志强，2000；Jin 等，2005）[317]-[319]，这曾经对我国经济增长发挥了重要作用（皮建才，2012）[320]，但也导致了地方政府相对缺乏提供生态产品的积极性。县级政府在很大程度上会根据个人偏好展开生态环境保护行为，而本地整体经济发展目标与生态环境保护目标之间也存在着不可避免的潜在冲突。更重要的是，在个体层面上，县级政府的行为动机可能会导致显而易见的目标冲突。假设县级政府有两种行为动机，即经济增长（职位晋升）与生态环境保护。县级政府的具体行为与其所处的制度环境密切相关，在特定制度环境约束下，县级政府个体的理性选择可能是投入更多精力追求经济增长和职位晋升，很难保证生态环境保护活动的投入（在努力和经费投入意义上均是如此），导致国家重点生态功能区转移支付的使用偏离中央政府期望的目标。

这里借助一个几何图形对县级政府在双重目标下重经济、轻环保的行为选择进行分析。假设县级政府在保护生态环境和发展地方经济双重目标之间分配国家重点生态功能区转移支付资金。由于中央政府和县级政府存在信息不对称状况，并且这一部分资金的专用性较差，中央政府仅通过事后审计很难观察到这一部分资金的具体利用状况。县级政府会基于自身利益最大化和行为选择偏好，对中央政府的生态标准适当变通，将一部分甚至全部资金挪用到经济发展中，减少对生态环境保护的投入。

为便于分析，将县级政府在保护环境和发展经济双重目标之间的财政预算分配视为公共消费的行为选择过程，也就是说将县级政府视为一个消费者，将财政预算视为预算约束条件，最终的消费品有保护生态环境和发展地方经济两种。中央政府提供的国家重点生态功能区转移支付会增加县级政府总的财政预算水平，也即预算约束线向右上方移动，这部分资金本来是用于保护生态环境的，但有限理性的县级政府会基于自身偏好，挪用部分甚至全部资金用于经济发展，通过"资源套利"获得短期经济利益。国家重点生态功能区转移支付资金的使用选择路径，如图5-1所示。

在图5-1中，横轴表示县级政府发展经济投入的财政预算，纵轴表示县级政府保护生态环境的财政预算。图5-1（a）表示中央政府提供国家重点生态功能区转移支付后，希望县级政府选择的保护生态环境和发展地方经济的最佳路径，图5-1（b）表示县级政府实际选择的保护生态环境和发展地方经济的可能路径之一，也是对中央政府来说，县级政府最差的路径选择。假设在提供国家重点生态功能区转移支付之前，县级政府的财政预算约束线为 $AB$ 和 $A'B'$，曲线 $G_1$ 和 $G_1'$ 表示相应的效用函数曲线。

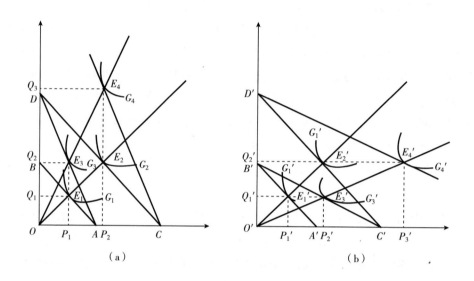

图 5-1 县级政府保护生态和发展经济的路径选择

中央政府提供转移支付 $BD$ 后，希望县级政府的预算约束变为 $AD$，县级政府把中央政府提供的转移支付资金"消费"到保护生态环境中，在发展经济的预算投入不变的条件下，将生态环境保护投入从 $OQ_1$ 提高到 $OQ_2$，从而改善生态环境，提供更多的生态环境效益。但是，县级政府会基于自身偏好，将转移支付挪用到发展地方经济中，也即预算约束由 $A'B'$ 变为 $B'C'$（这里假设 $BD = A'C'$），县级政府发展地方经济的财政投入从 $OP_1'$ 提高到 $OP_2'$，而投入到保护生态环境中的财政预算仍为 $OQ_1'$，县级政府通过"资源套利"也即将中央政府提供的转移支付挪用到经济发展上获得短期的经济利益。如图 5-1（b）所示。

此外，需要说明的是，图 5-1 中的两种状况是县级政府关于生态保护行为选择极端好和极端差的状况，实践中县级政府不会将转移支付全部用于生态环境保护，也不会全部用于发展经济，而是在二者之间进行分配，也就是说图 5-1(a) 和图 5-1(b) 给出了县级政府环境保护资金利用的变化范围，但县级政府基于自身政绩考核的理性选择必然是挪用部分甚至全部资金用在发展经济方面。

### （二）命题的提出

根据第三章的动态委托—代理理论分析得到的两个结论可知，县级政府的财政收入水平对其生态环境保护努力投入具有重要影响。一般来说，县级政府财政收入水平高意味着较小的财政支出缺口，在其他变量相同的条件下，县级政府相应地更有可能投入较多的努力从事生态环境保护活动，有更少的激励将国家重点生态功能区转移支付挪作他用，因而有较高的生态环境效益产出。Olson（2008）[290]通过两人博弈认为，高收入者比低收入者更愿意提供公共物品，Derissen 和 Quaas（2013）[321]同样认为随着生态环境产品稀缺性和消费者收入水平的增加，居民对生态环境产品的风险属性可能由风险中性变为风险规避，增加对生态环境产品的需求并自觉保护生态环境，本书认为这同样适用于不同财政收入水平的县级政府。因此，提高县级政府的财政收入水平和增加转移支付都会对县级政府的生态环境保护行为产生显著影响。

作为以上分析的一个进一步引申，将生态补偿转移支付资金更多配置到财政收入较高（相对于同等条件下其他县级政府的平均财政收入而言）的县级政府、对生态环境保护投入力度较大的地区，可能会产生更显著的生态环境效益产出。此外，县级政府不同的生态保护边际成本也是影响生态效益产出的重要因素，一般来说，高保护能力（低边际保护成本）的县级政府的生态效益产出要高于低保护能力（高边际保护成本）县级政府的生态效益产出，因此对其支付更多的转移支付有利于整体生态效益产出的增加。由此，本章提出以下 3 个待检验的命题：

命题 1：生态补偿转移支付水平对县级政府的生态环境效益产出具有显著影响，获得转移支付越多，县级政府的生态环境效益产出越高。

命题 2：县级政府财政收入水平对转移支付的激励效应和生态环境效益产出具有重要影响，财政收入水平越高，转移支付的激励效应越强，生态环境效益产出越高。

命题 3：县级政府的生态保护能力对转移支付的激励效应具有重要影响，生态保护能力越高，转移支付的激励效应越强，生态环境效益产出越高。

# 二、模型设定和数据分析

结合陕西省国家重点生态功能区转移支付实施状况，对上一部分的命题进行验证，并分析国家重点生态功能区转移支付激励机制效应的影响因素。

## （一）计量模型设定

在实际测算中，每年的生态环境质量指数（EI）实际是前一年的生态环境质量状况，如 2013 年测度的生态环境质量实质上是 2012 年的生态环境状况，因此，本书将生态环境质量的影响因素均采用滞后一期的数据。将实证模型设定为：

$$\ln EI_{it} = C + \theta_1 \ln TR_{it-1} + \theta_2 \ln GR_{it-1} + \theta_3 \ln EI_{it-1} + \omega Z_{it} + \varepsilon_{it}$$

式中，$EI_{it}$ 表示国家重点生态功能区所在的 $i$ 县 $t$ 年的生态环境质量，《办法》中详细规定了国家重点生态功能区生态环境质量的测度指标，这里不再赘述。$TR_{it-1}$ 表示 $i$ 县 $t-1$ 年获得的国家重点生态功能区转移支付额，该变量用来表示中央政府对县级政府生态环境保护的激励水平[①]，$GR_{it-1}$ 表示 $i$ 县 $t-1$ 年的财政收入水平；财政收入高的县级政府与财政收入低的县级政府相比，对生态环境产品的偏好越强，越愿意提供生态环境保护努力，获得更多的生态环境效益；$EI_{it-2}$ 表示 $i$ 县 $t-1$ 年的生态环境质量，用于测算生态资源质量对生态效益产出的影响，生态环境质量是由前一期的生态环境保护努力水平和生态环境质量状态决定的，这也间接表明前期的生态环境保护努力水平对后期的生态环境质量也产生影响，因此为保证生态环境质量的提高，县级政府必须重视生态环境保护的长期性；$Z_{it-1}$ 表示 $i$ 县 $t-1$ 年其他影响生态环境质量的控制变量；$C$ 为常数项；$\varepsilon_{it}$ 为误差项。

本书选取的控制变量主要包括：各地区人均 GDP（$\ln perGDP_{it}$）及人均 GDP

---

① 国家重点生态功能区转移支付具有保护生态环境和改善民生双重目标，并以保护生态环境为主，作者所在课题组对柞水、镇安等县进行调研时，政府人员提供的转移支付使用情况表明，改善民生的转移支付主要用于生态保护工作人员的工资、设备购买等方面，转移支付在直接提高生态环境质量的同时，也通过改善民生间接提高生态环境质量。因此本书假定所有转移支付均用于生态环境保护是合理的。

的二次方 $\left[\ (\ln perGDP_{it-1})^2\ \right]$，经济发展水平是影响生态环境质量的重要因素，现阶段我国的经济增长与生态环境质量之间存在矛盾冲突，一般情况下，在经济发展水平较低时，经济增长会阻碍生态环境质量的提高，但随着经济发展水平的提高，人们对生态环境的重视程度增加，生态环境质量得到改善，因此本书认为生态环境质量和经济增长之间存在"U"形曲线关系；产业结构（$\ln IS_{it-1}$），采用各县级政府第二产业增加值占 GDP 的比重表示，第二产业比重的上升意味着带来了更多的工业污染和废弃物的排放，不利于生态环境质量的改善；城乡收入差距（$\ln INC_{it-1}$），采用各县城镇居民可支配收入和农村居民纯收入之比表示，城乡收入差距的扩大使农村居民不平等的心理加强，可能会利用自身的变量提高破坏和污染生态环境获得收入，这不利于生态环境质量的提升；居民消费水平（$\ln CONS_{it-1}$），采用各县级政府社会消费品零售总额表示，消费水平的提高一般情况下会带来更多的生产和生活垃圾，也不利于生态环境保护；县域耕地面积（$\ln CUL_{it-1}$），采用各县年末常用耕地面积表示，土地是生态环境的载体，耕地增加会导致更多的森林、草地被破坏，不利于生态环境保护。为保证数据的平稳性和收敛，各数据均采用自然对数表示。

在具体的实证过程中，为更好地分析国家重点生态功能区转移支付激励效应的影响因素，本书在对整体数据进行回归的基础上，又分别按照各县级政府的财政收入水平和生态保护能力（边际保护成本）进行分类回归。

**（二）数据来源及统计描述**

国家重点生态功能区转移支付于 2008 年实施，并于 2009 年测算生态环境质量指数（EI）。基于数据的可获得性，实证研究数据的时间跨度定为 2008～2018年，EI 指数选取 2009～2018 年数据，而其他自变量选取滞后一期也即 2008～2017 年的数据。具体来说，选取陕西省 2008～2018 年连续获得国家重点生态功能区转移支付的 33 个县为研究样本进行实证分析。这 33 个县分别为太白县、凤县、南郑县、城固县、洋县、西乡县、勉县、宁强县、略阳县、镇巴县、留坝县、佛坪县、岚皋县、汉阴县、石泉县、宁陕县、紫阳县、平利县、镇平县、旬阳县、白河县、洛南县、山阳县、丹凤县、商南县、镇安县、柞水县、绥德县、米脂县、佳县、吴堡县、清涧县和子洲县。相关数据来源于《陕西省统计年鉴》（2009～2019）、《中国区域统计年鉴》（2009～2019）以及陕西省环保厅、财政厅的调研数据。

1. 数据分组

首先，按国家重点生态功能区所在县级政府的财政收入水平进行分组，分组的依据是各县级政府 2008～2017 年人均财政收入的均值，前 16 个县级政府为高财政收入县级政府，而后 17 个县级政府为低财政收入县级政府，分组状况如表 5 - 1 所示。

表 5 - 1　县级政府生态保护能力分类

| 分类 | 县域 |
|---|---|
| 高财政收入组 | 佛坪县、吴堡县、留坝县、太白县、镇平县、宁陕县、清涧县、凤县、米脂县、略阳县、柞水县、子洲县、佳县、白河县、岚皋县、石泉县 |
| 低财政收入组 | 石泉县、商南县、绥德县、平利县、宁强县、镇安县、紫阳县、汉阴县、丹凤县、勉县、镇巴县、旬阳县、山阳县、洛南县、西乡县、南郑县、城固县、洋县 |

其次，生态保护能力是一个潜在变量，主观性较强，现阶段在该方面的测量研究上还存在一定的问题，需要寻找一个相应的替代变量。一般情况下，生态保护能力强的县级政府提供的生态环境效益也较高，即补偿成效较高；反之，生态保护能力弱的县级政府提供的生态环境效益也较低，即补偿成效较低，因此这里采用补偿成效替代生态保护能力。补偿成效高的县生态保护能力较强，反之，补偿成效低的县生态保护能力较差，而补偿成效采用人均转移支付的生态环境质量指数表示。按照陕西省国家重点生态功能区所在的 33 个县级单位 2009～2018 年的数据将县级政府分为高、低生态保护能力两类。如表 5 - 2 所示：

表 5 - 2　县级政府生态保护能力分类

| 分类 | 县域 |
|---|---|
| 高保护能力组 | 吴堡县、丹凤县、佳县、镇安县、凤县、清涧县、商南县、绥德县、太白县、旬阳县、米脂县、勉县、柞水县、宁强县、洛南县、子洲县 |
| 低保护能力组 | 山阳县、西乡县、略阳县、南郑县、洋县、岚皋县、石泉县、镇巴县、汉阴县、紫阳县、白河县、城固县、平利县、留坝县、佛坪县、宁陕县、镇平县 |

2. 数据统计性描述

对整体数据及分组数据进行统计性描述，如表 5 - 3 所示。

**表 5 – 3　样本描述性统计**

| 统计量 | ln$EI$ | ln$TR$ | ln$GR$ | ln$perGDP$ | ln$IS$ | ln$INC$ | ln$CONS$ | ln$CUL$ |
|---|---|---|---|---|---|---|---|---|
| 整体样本 | | | | | | | | |
| 均值 | 4.076 | 8.365 | 9.161 | 9.872 | 3.661 | 9.499 | 11.389 | 9.668 |
| 最大值 | 4.443 | 9.522 | 11.186 | 10.863 | 4.226 | 9.887 | 13.064 | 10.982 |
| 最小值 | 3.614 | 5.028 | 6.347 | 8.651 | 2.468 | 8.715 | 9.012 | 7.442 |
| 标准差 | 0.147 | 0.661 | 0.934 | 0.493 | 0.352 | 0.290 | 0.810 | 0.771 |
| 样本量 | 330 | 330 | 330 | 330 | 330 | 330 | 330 | 330 |
| 高财政收入水平样本 | | | | | | | | |
| 均值 | 4.094 | 8.707 | 9.807 | 9.877 | 3.772 | 9.493 | 11.904 | 9.939 |
| 最大值 | 4.256 | 9.522 | 11.186 | 10.863 | 4.173 | 9.838 | 13.064 | 10.509 |
| 最小值 | 3.973 | 7.452 | 8.298 | 8.767 | 3.124 | 8.826 | 10.519 | 8.975 |
| 标准差 | 0.615 | 0.435 | 0.618 | 0.493 | 0.254 | 0.284 | 0.529 | 0.407 |
| 样本量 | 160 | 160 | 160 | 160 | 160 | 160 | 160 | 160 |
| 低财政收入水平样本 | | | | | | | | |
| 均值 | 4.057 | 8.024 | 8.515 | 9.868 | 3.551 | 9.505 | 10.874 | 9.397 |
| 最大值 | 4.443 | 8.986 | 9.623 | 10.752 | 4.226 | 9.887 | 12.503 | 10.982 |
| 最小值 | 3.614 | 5.028 | 6.347 | 8.651 | 2.468 | 8.715 | 9.012 | 7.442 |
| 标准差 | 0.198 | 0.673 | 0.726 | 0.495 | 0.398 | 0.297 | 0.709 | 0.938 |
| 样本量 | 170 | 170 | 170 | 170 | 170 | 170 | 170 | 170 |
| 高保护能力样本 | | | | | | | | |
| 均值 | 4.101 | 7.961 | 9.080 | 9.778 | 3.651 | 1.321 | 11.585 | 10.053 |
| 最大值 | 4.410 | 9.170 | 10.801 | 11.829 | 4.497 | 1.521 | 13.104 | 10.858 |
| 最小值 | 3.689 | 5.712 | 7.201 | 8.833 | 2.662 | 1.135 | 10.110 | 8.966 |
| 标准差 | 0.207 | 0.803 | 0.946 | 0.577 | 0.394 | 0.098 | 0.614 | 0.592 |
| 样本量 | 160 | 160 | 160 | 160 | 160 | 160 | 160 | 160 |
| 低保护能力样本 | | | | | | | | |
| 均值 | 4.210 | 8.481 | 8.873 | 9.664 | 3.625 | 1.298 | 11.202 | 9.654 |
| 最大值 | 4.328 | 9.541 | 10.938 | 10.488 | 4.194 | 1.517 | 12.640 | 10.534 |
| 最小值 | 4.067 | 7.061 | 6.481 | 8.952 | 2.736 | 1.051 | 9.201 | 7.598 |
| 标准差 | 0.069 | 0.592 | 0.942 | 0.366 | 0.320 | 0.093 | 0.810 | 0.880 |
| 样本量 | 170 | 170 | 170 | 170 | 170 | 170 | 170 | 170 |

# 三、实证结果分析

本部分主要是对本章的理论假设进行实证验证，分析国家重点生态功能区转移支付及影响因素对县级政府生态效益产出的激励效应，为完善国家重点生态功能区转移支付激励机制提供现实证据。具体来说，本部分在对整体数据进行回归的基础上，又分别按照财政收入水平和生态保护能力进行分组讨论，以期系统全面地分析国家重点生态功能区转移支付的激励效应。

## （一）整体回归结果分析

### 1. 协整检验

在进行面板回归之前，要对数据的平稳性和协整关系进行检验，以避免伪回归的出现。本书采用 LLC 检验、Breitung 检验、IPS 检验、F - ADF 检验和 F - PP 检验五种常用方法检验数据的平稳性，检验结果表明所有面板数据都是一阶单整的。关于协整检验，本书采用基于残差的检验方法，通过分析因变量和自变量之间的残差是否平稳来检验是否存在协整关系，主要的检验方法有 Kao 检验和 Pedroni 检验。检验结果如表 5 -4 所示。

表 5 -4　面板数据协整检验

| 统计量 | Kao 检验 | Pedroni 检验 | | | | | | |
|---|---|---|---|---|---|---|---|---|
| | ADF | Panel v – Stat | Panel rho – Stat | Panel PP – Stat | Panel ADF – Stat | Group rho – Stat | Group PP – Stat | Group ADF – Stat |
| ln$TR$ | 4. 077 *** | 4. 026 *** | - 6. 553 *** | - 14. 141 *** | - 1. 423 * | - 0. 389 | - 9. 976 *** | - 2. 284 ** |
| ln$GR$ | 4. 394 *** | 2. 528 *** | - 4. 995 *** | - 11. 522 *** | 0. 979 | - 0. 308 | - 9. 708 *** | - 1. 325 * |
| ln$perGDP$ | 4. 548 *** | 0. 648 | - 3. 599 *** | - 7. 910 *** | - 0. 115 | 0. 322 | - 8. 740 *** | - 1. 198 |
| ln$IS$ | 4. 698 *** | 0. 712 | - 3. 723 *** | - 8. 125 *** | - 0. 161 | 0. 318 | - 8. 859 *** | - 1. 105 |
| ln$INC$ | 4. 651 *** | - 1. 199 | 0. 094 | - 2. 264 ** | 3. 534 | 1. 163 | - 5. 707 *** | 0. 120 |
| ln$CONS$ | 4. 471 *** | 1. 001 | - 4. 499 *** | - 8. 444 *** | 0. 275 | - 0. 455 | - 7. 910 *** | - 0. 034 |
| ln$CUL$ | 4. 703 *** | - 0. 128 | - 1. 972 * | - 6. 749 *** | 2. 014 | 0. 657 | - 7. 711 *** | - 0. 149 |

注：＊＊＊、＊＊和＊分别表示在1%、5%和10%的显著性水平下通过显著性检验，拒绝不存在协整关系的原假设。

在5%的显著性水平下，除 Group rho – Statistic 统计量未通过显著性检验外，其他统计量均通过显著性检验。因此，可以认为县域生态环境质量与国家重点生态功能区转移支付、财政收入水平、经济发展水平等其他自变量之间存在协整关系，实证回归结果也是比较精确的，不存在伪回归现象。

2. 实证回归结果分析

动态面板数据相对于静态面板数据能够有效避免因自变量内生性问题带来的参数估计偏误和组内估计变量非一致性问题，因此，本书构建动态面板回归模型；而 Blundell 和 Bond（1998）[322] 的研究也表明，相对一阶差分 GMM 估计方法，系统 GMM 方法具有更好的有限样本特征，因此本书采用系统 GMM 估计方法。结果如表5 – 5 所示。

表5 – 5　回归估计结果

| 变量 | 方程（1） | 方程（2） | 方程（3） | 方程（4） | 方程（5） | 方程（6） | 方程（7） | 方程（8） |
|---|---|---|---|---|---|---|---|---|
| $\ln EI_{t-1}$ | 0.738 *** | 0.751 *** | 0.680 *** | 0.603 *** | 0.648 *** | 0.657 *** | 0.565 *** | 0.542 *** |
| | (4.76) | (2.83) | (5.58) | (9.42) | (8.06) | (3.88) | (4.48) | (5.05) |
| $\ln TR_{t-1}$ | 0.011 *** | 0.124 *** | 0.137 *** | 0.133 *** | 0.132 *** | 0.122 *** | 0.127 *** | 0.127 *** |
| | (6.90) | (5.43) | (3.55) | (8.37) | (5.97) | (7.98) | (10.01) | (10.97) |
| $\ln GR_t$ | | 0.020 *** | 0.021 *** | 0.021 *** | 0.017 *** | 0.015 *** | 0.010 * | 0.020 ** |
| | | (7.36) | (3.25) | (5.20) | (7.30) | (3.63) | (1.87) | (2.57) |
| $\ln perGDP_{t-1}$ | | | -0.013 *** | -0.016 *** | -0.085 *** | -0.081 *** | -0.151 *** | -0.149 *** |
| | | | (-5.11) | (-6.26) | (-5.84) | (-6.15) | (-11.97) | (-8.01) |
| $(\ln perGDP_{t-1})^2$ | | | | 0.036 | 0.0614 * | 0.080 * | 0.079 | 0.039 ** |
| | | | | (1.37) | (1.71) | (0.91) | (1.55) | (1.80) |
| $\ln IS_t$ | | | | | -0.041 *** | -0.028 *** | -0.051 *** | -0.057 *** |
| | | | | | (-6.01) | (-3.59) | (-3.97) | (-4.52) |
| $\ln INC_t$ | | | | | | -0.130 *** | -0.056 *** | -0.060 *** |
| | | | | | | (-5.62) | (-2.79) | (-3.38) |
| $\ln CONS_t$ | | | | | | | -0.094 *** | -0.098 *** |
| | | | | | | | (-10.44) | (-10.82) |
| $\ln CUL_t$ | | | | | | | | -0.028 ** |
| | | | | | | | | (-2.38) |
| AR（1）$p$ 值 | 0.0080 | 0.0044 | 0.0042 | 0.0049 | 0.0079 | 0.0068 | 0.0107 | 0.0091 |

| 变量 | 方程 (1) | 方程 (2) | 方程 (3) | 方程 (4) | 方程 (5) | 方程 (6) | 方程 (7) | 方程 (8) |
|---|---|---|---|---|---|---|---|---|
| $AR$ (2) $p$ 值 | 0.4135 | 0.4158 | 0.4118 | 0.3115 | 0.3271 | 0.3202 | 0.3186 | 0.3122 |
| Sargan $p$ 值 | 0.8980 | 0.9003 | 0.9278 | 0.9344 | 0.9577 | 0.9766 | 0.9983 | 0.9971 |

注：***、**和*分别表示在1%、5%和10%的显著性水平下通过显著性检验；括号中的数值为 t 统计值；所有方程的截距项的系数在给定的条件下都通过了显著性检验，限于篇幅，表中未汇报出截距项的系数和 t 统计量。下同。

通过表 5-5 可知，9 个回归方程中，$AR$(1) 检验的 $p$ 值小于 0.01，$AR$(2) 检验的 $p$ 值大于 0.05，即回归模型的残差序列项存在一阶自相关而不存在二阶自相关，而 Sargan 检验的 $p$ 值大于 0.05，表明方程过度识别有效，这些表明本书设定的动态面板回归模型较为理想，与现实基本相符。

可以看到，国家重点生态功能区转移支付对县级政府的生态环境质量具有显著的促进作用，所有回归系数在 1% 的显著性水平下均通过检验，滞后一期的生态环境质量在给定的显著性水平下通过检验，这一方面表明本书设定的动态回归方程是符合现实的，能够更好地拟合现实状况，另一方面也表明基期的生态环境质量对后期的生态环境质量改善起到了显著的促进作用，这表明中央政府应将县级政府的基期生态环境质量和生态效益产出共同引入考核机制中，完善生态补偿考核机制。陕西省国家重点生态功能区所在县级政府的生态环境质量自 2009 年以来，呈现"基本稳定，逐渐好转"的趋势，这与国家重点生态功能区转移支付的激励作用密不可分，因此命题 1 得证。县级政府的财政收入水平增加也是生态环境质量改善的重要影响因素，回归结果显示财政收入能够显著促进县域生态环境质量的提高，这是因为随着县级政府财政收入水平的增加，县级政府用于生态环境保护的支出也会增加，命题 2 部分得证。

对于其他控制变量来说，人均 GDP 与生态环境质量存在负相关关系，并通过了显著性检验，而人均 GDP 的二次方在给定的显著性水平下是不显著的，这表明对于陕西省的国家重点生态功能区所在县级政府来说，经济增长和生态环境质量之间仅存在负相关关系，经济增长会阻碍环境治理的提高，二者"U"形曲线的趋势不明显。第二产业比重的增加、城乡收入差距的扩大同样抑制了生态环境质量的改善，但城乡收入差距对生态环境质量的不利影响相对较小。居民对零售商品消费量的增加对生态环境质量提高也产生了抑制作用，这一方面是因为居民特别是农村居民将更多的钱用于购买消费产品，对生态环境保护的投入不足，另一方面是因为消费品增加，产生的生产消耗、生产垃圾以及生活垃圾也相应增加，影响了生态环境质量。此外，耕地面积同样也是影响生态环境质量的显著因素，耕地面积的增加会造成草地和山地的减少和动植物的破坏，因此，退耕还林还草仍然是改善生态环境的一项重要措施。

### （二）按财政收入水平划分的回归结果分析

1. 协整分析

在对高财政收入组和低财政收入组进行分类回归前，先进行协整检验。高财政收入组和低财政收入组的样本数据协整检验结果如表 5 – 6 所示。

表 5 – 6　面板数据协整检验

| 统计量 | Kao 检验 | Pedroni 检验 | | | | | | |
|---|---|---|---|---|---|---|---|---|
| | ADF | Panel v – Stat | Panel rho – Stat | Panel PP – Stat | Panel ADF – Stat | Group rho – Stat | Group PP – Stat | Group ADF – Stat |
| 高财政收入组 | | | | | | | | |
| ln$TR$ | 1. 906 *** | 1. 125 ** | – 3. 550 *** | – 8. 774 *** | – 2. 002 ** | 0. 587 | – 9. 349 *** | – 2. 989 *** |
| ln$GR$ | 1. 979 ** | – 0. 450 ** | – 0. 445 ** | – 2. 964 *** | 2. 437 *** | – 0. 130 | – 17. 812 *** | – 1. 573 * |
| ln$perGDP$ | 2. 073 ** | – 0. 326 ** | – 2. 492 *** | – 6. 799 *** | – 0. 204 ** | – 0. 548 | – 9. 942 *** | – 1. 424 * |
| ln$IS$ | 2. 074 ** | – 0. 323 ** | – 2. 494 *** | – 6. 824 *** | – 0. 179 ** | – 0. 515 | – 10. 012 *** | – 1. 314 * |
| ln$INC$ | 2. 605 *** | 0. 258 *** | 0. 142 ** | – 1. 718 ** | 2. 432 ** | 0. 097 | – 7. 054 *** | – 0. 853 * |
| ln$CONS$ | 1. 934 ** | 1. 011 *** | – 3. 741 *** | – 8. 485 *** | – 1. 057 | – 1. 398 * | – 9. 059 *** | – 0. 813 * |
| ln$CUL$ | 1. 888 ** | 1. 194 ** | – 3. 361 *** | – 8. 626 *** | – 1. 643 * | – 0. 323 | – 8. 498 *** | – 0. 579 * |
| 低财政收入组 | | | | | | | | |
| ln$TR$ | 3. 062 *** | 3. 396 *** | – 4. 979 *** | – 10. 374 *** | – 0. 667 ** | 0. 037 | – 4. 760 *** | – 0. 242 ** |
| ln$GR$ | 2. 797 *** | 3. 129 *** | – 5. 381 *** | – 10. 913 *** | – 0. 837 ** | – 0. 306 | – 5. 917 *** | – 0. 301 *** |
| ln$perGDP$ | 2. 970 *** | 0. 707 ** | – 2. 562 *** | – 5. 277 *** | – 0. 048 *** | 1. 003 | – 2. 419 *** | 0. 270 ** |
| ln$IS$ | 3. 115 *** | 0. 769 *** | – 2. 677 *** | – 5. 464 *** | – 0. 097 ** | 0. 965 | – 2. 516 *** | – 0. 249 ** |
| ln$INC$ | 3. 187 *** | – 1. 090 ** | 0. 051 * | – 1. 578 * | 2. 501 ** | 1. 549 | – 1. 017 * | 1. 023 *** |
| ln$CONS$ | 3. 110 *** | 0. 618 *** | – 3. 014 *** | – 5. 336 *** | 0. 516 ** | 0. 775 | – 2. 128 ** | 0. 765 ** |
| ln$CUL$ | 3. 406 *** | – 0. 327 * | – 1. 032 * | – 4. 049 *** | 1. 914 ** | 1. 252 | – 2. 406 *** | 0. 368 ** |

注：*** 、** 和 * 分别表示在1% 、5% 和10% 的显著性水平下通过显著性检验，拒绝不存在协整关系的原假设。

可以看出，与整体数据的协整检验相似，在1%的显著性水平下，除 Group rho – Statistic 统计量未通过显著性检验外，其他统计量均通过显著性检验。因此，也可以认为按财政收入水平分组的县级政府生态环境质量与其他自变量之间存在协整关系，可以直接对实证模型进行回归分析，而回归结果较精确，不存在伪回归现象。

2. 回归结果分析

同样采用系统 GMM 方法进行回归检验，表5 – 7 和表5 – 8 给出了高财政收入组和低财政收入组样本的回归结果。

表5 – 7  高财政收入组回归估计结果

| 变量 | 方程（1） | 方程（2） | 方程（3） | 方程（4） | 方程（5） | 方程（6） | 方程（7） | 方程（8） |
|---|---|---|---|---|---|---|---|---|
| $\ln EI_{t-1}$ | 0.415*** | 0.490*** | 0.605*** | 0.509*** | 0.494*** | 0.467*** | 0.550*** | 0.656*** |
|  | (4.74) | (11.91) | (13.66) | (6.60) | (6.47) | (5.97) | (5.94) | (3.87) |
| $\ln TR_{t-1}$ | 0.337*** | 0.300*** | 0.301* | 0.290*** | 0.202* | 0.191* | 0.162*** | 0.162*** |
|  | (4.07) | (4.47) | (1.94) | (2.82) | (1.93) | (2.21) | (6.09) | (6.01) |
| $\ln GR_{t-1}$ |  | 0.212** | 0.137** | 0.109*** | 0.095*** | 0.047** | 0.03* | 0.0261* |
|  |  | (2.83) | (2.84) | (3.06) | (3.43) | (2.58) | (1.84) | (2.28) |
| $\ln perGDP_{t-1}$ |  |  | 0.064*** | 0.275** | 0.337* | 0.348*** | 0.344*** | 0.336*** |
|  |  |  | (3.43) | (2.04) | (2.44) | (2.81) | (2.74) | (2.73) |
| $(\ln perGDP_{t-1})^2$ |  |  |  | -0.011 | -0.012* | -0.012** | -0.012* | -0.014* |
|  |  |  |  | (-1.19) | (-1.97) | (-2.02) | (-1.84) | (-1.75) |
| $\ln IS_{t-1}$ |  |  |  |  | -0.039* | -0.025 | -0.021* | -0.018* |
|  |  |  |  |  | (-1.78) | (-0.80) | (-1.69) | (-2.31) |
| $\ln INC_{t-1}$ |  |  |  |  |  | -0.208* | -0.113* | -0.125 |
|  |  |  |  |  |  | (-1.69) | (-1.95) | (-0.97) |
| $\ln CONS_{t-1}$ |  |  |  |  |  |  | -0.098* | -0.093* |
|  |  |  |  |  |  |  | (-1.78) | (-1.96) |
| $\ln CUL_{t-1}$ |  |  |  |  |  |  |  | -0.117 |
|  |  |  |  |  |  |  |  | (-0.707) |
| AR（1）p 值 | 0.0000 | 0.0001 | 0.0017 | 0.0000 | 0.0000 | 0.0078 | 0.0000 | 0.001 |
| AR（2）p 值 | 0.4346 | 0.3670 | 0.3805 | 0.3425 | 0.3778 | 0.3363 | 0.3601 | 0.308 |
| Sargan p 值 | 0.1099 | 0.1982 | 0.1041 | 0.1078 | 0.1960 | 0.1684 | 0.1136 | 0.122 |

注：***、**和*分别表示在1%、5%和10%的显著性水平下通过显著性检验，下同。

可以看到，高财政收入的县级政府明显更能充分发挥国家重点生态功能区转移支付对生态环境质量的促进作用，根据第三章的理论分析，一方面，在收入水平很低且国家重点生态功能区转移支付不可转移的情形下，县级政府有动机减少在生态环境保护方面的努力投入，而增加在其他方面特别是经济发展方面的努力投入；另一方面，在国家重点生态功能区转移支付可转移的条件下，县级政府有可能将转移支付转移出去，通过"资源套利"获取短期利益。这两方面都表明县级政府的财政收入水平对国家重点生态功能区转移支付的激励效应具有重要的影响。而通过对比表 5 - 7 和表 5 - 8 的回归结果也可以发现这一影响程度的大小。按财政收入水平分组的样本数据同样表明财政收入水平对生态环境质量具有显著的影响，且财政收入水平越高，转移支付对生态效益产出的促进作用越大，验证了本章的命题 2。

表 5 - 8 低财政收入组回归估计结果

| 变量 | 方程（1） | 方程（2） | 方程（3） | 方程（4） | 方程（5） | 方程（6） | 方程（7） |
|---|---|---|---|---|---|---|---|
| $\ln EI_{t-1}$ | 0.850 *** | 0.852 *** | 0.835 *** | 0.815 *** | 0.830 *** | 0.679 *** | 0.55 *** |
| | (27.97) | (28.03) | (27.07) | (24.96) | (21.38) | (12.99) | (9.19) |
| $\ln TR_{t-1}$ | 0.225 *** | 0.213 *** | 0.205 ** | 0.102 ** | 0.105 ** | 0.103 ** | 0.063 * |
| | (4.15) | (3.32) | (2.25) | (2.15) | (2.14) | (1.98) | (1.91) |
| $\ln GR_{t-1}$ | | 0.036 * | 0.058 * | 0.034 | 0.013 | 0.0123 * | 0.018 ** |
| | | (1.89) | (1.96) | (0.46) | (0.16) | (1.77) | (2.06) |
| $\ln perGDP_{t-1}$ | | | -0.036 *** | -0.046 *** | -0.051 *** | -0.016 * | -0.036 * |
| | | | (-3.28) | (-3.54) | (-2.99) | (-1.94) | (-1.84) |
| $\ln IS_{t-1}$ | | | | -0.027 ** | -0.025 * | -0.002 | -0.005 * |
| | | | | (2.27) | (-1.84) | (-0.17) | (-1.87) |
| $\ln INC_{t-1}$ | | | | | -0.037 * | -0.052 * | -0.017 |
| | | | | | (-1.76) | (-1.75) | (-0.31) |
| $\ln CONS_{t-1}$ | | | | | | -0.057 *** | -0.042 *** |
| | | | | | | (-4.37) | (-3.22) |
| $\ln CUL_{t-1}$ | | | | | | | -0.053 *** |
| | | | | | | | (-2.99) |
| $AR$（1）$p$ 值 | 0.0000 | 0.0002 | 0.0000 | 0.0009 | 0.0000 | 0.0000 | 0.0000 |
| $AR$（2）$p$ 值 | 0.7911 | 0.5037 | 0.3463 | 0.3332 | 0.4984 | 0.3895 | 0.3735 |

| 变量 | 方程（1） | 方程（2） | 方程（3） | 方程（4） | 方程（5） | 方程（6） | 方程（7） |
|------|-----------|-----------|-----------|-----------|-----------|-----------|-----------|
| Sargan $p$ 值 | 0.1164 | 0.1517 | 0.1473 | 0.2824 | 0.1384 | 1639.7260 | 0.1827 |

注：低财政收入组数据加入人均 GDP 的平方项时多数变量都变得不显著，并且其自身也是不显著的，因此这一回归方程未添加人均 GDP 的平方项。

对于控制变量来说，高财政收入组的回归结果表明，这些地区的生态环境质量与经济增长水平呈现倒"U"形曲线关系，经济增长在一定程度上促进了国家重点生态功能区的生态环境质量，但这种促进作用在达到一定程度时会发展改变，由促进变为阻碍。这与整体回归结果的经济增长水平与生态环境质量负相关的结论不同，实证结果不一致的原因在于财政收入的差异。财政收入和经济水平高的县级政府更愿意也有能力投入更多的环保资金，因此初期经济增长与环境治理呈现正相关关系，由于环保投入边际效应的递减而最终呈现倒"U"形关系。整体数据实证结果为负相关关系是因为整体数据的经济水平较低，为发展而牺牲了生态环境。这从不同分组的经济水平和生态环境质量均值可以看出。因此二者之间不存在矛盾，只是不同前提条件下的不同回归结果。低财政收入组的回归结果表明经济增长会阻碍生态环境质量的提高，并且二者不存在"U"形或者倒"U"形关系，本书认为这一区别同样是由财政收入水平决定的，财政收入水平高的地区在经济发展过程中会更加关注对生态环境的变化和生态资源的合理利用，经济增长和生态环境呈现"双赢"状态，而只有在对生态环境保护利用过度和开发强度不同增加时，才会促使二者的关系发生变化；而对于低财政收入组来说，其更加关注经济增长，希望通过发展经济改善本地区的财政状况，但这一行为忽视了对生态环境的保护，更有可能造成生态环境资源的不合理利用，降低了生态环境质量。对于其他控制变量，其影响方向和整体回归结果相似，同时这也不是本书的研究重点，这里不再进行详细的阐述。

### （三）按生态环境保护能力划分的回归结果分析

按照生态保护能力（边际保护成本）的异质性对县级政府进行分类，分析对不同保护能力的县级政府提供转移支付效果的差别，进一步量化分析如何充分发挥国家重点生态功能区转移支付的激励效应。

#### 1. 协整检验

采用基于残差的检验方法，通过分析因变量和自变量之间的残差是否平稳来检验是否存在协整关系，主要方法有 Kao 检验和 Pedroni 检验两种。检验结果如表 5 - 9 所示。

表 5 - 9　保护能力分组数据协整检验

| 统计量 | Kao 检验 | Pedroni 检验 | | | | | | |
|---|---|---|---|---|---|---|---|---|
| | ADF | Panel v - Stat | Panel rho - Stat | Panel PP - Stat | Panel ADF - Stat | Group rho - Stat | Group PP - Stat | Group ADF - Stat |
| 高保护能力组 | | | | | | | | |
| ln$TR$ | 3. 703 *** | 2. 483 *** | - 1. 706 ** | - 18. 550 *** | - 17. 095 *** | 0. 617 | - 17. 007 *** | - 17. 533 *** |
| ln$GR$ | 3. 195 *** | 1. 641 * | - 1. 892 ** | - 15. 055 *** | - 14. 413 *** | 0. 412 | - 15. 840 *** | - 15. 410 *** |
| ln$perGDP$ | 2. 261 ** | 0. 200 | - 2. 005 ** | - 14. 489 *** | - 14. 902 *** | 0. 372 | - 14. 548 *** | - 16. 073 *** |
| ln$IS$ | 1. 640 ** | 0. 334 | - 1. 360 * | - 9. 604 *** | - 9. 275 *** | 0. 581 | - 14. 568 *** | - 15. 351 *** |
| ln$INC$ | 3. 701 *** | 0. 651 | - 1. 884 *** | - 16. 572 *** | - 16. 100 *** | 0. 137 | - 17. 534 *** | - 17. 570 *** |
| ln$CONS$ | 1. 566 * | 0. 770 | - 1. 701 ** | - 16. 683 *** | - 14. 742 *** | 0. 416 | - 15. 626 *** | - 14. 267 *** |
| ln$CUL$ | 3. 967 *** | 0. 862 | - 1. 853 ** | - 14. 895 *** | - 14. 406 * | 0. 544 | - 16. 172 *** | - 14. 728 *** |
| 低保护能力组 | | | | | | | | |
| ln$TR$ | 1. 430 * | - 0. 023 | - 2. 116 ** | - 22. 944 *** | - 21. 399 *** | 0. 990 | - 11. 403 *** | - 11. 626 *** |
| ln$GR$ | 1. 955 * | - 1. 455 | - 1. 988 ** | - 18. 057 *** | - 16. 461 *** | 0. 770 | - 11. 517 *** | - 11. 240 *** |
| ln$perGDP$ | 1. 465 * | - 1. 655 | - 2. 119 ** | - 17. 908 *** | - 17. 418 *** | 0. 651 | - 12. 302 *** | - 12. 512 *** |
| ln$IS$ | 3. 705 *** | - 1. 345 | - 1. 826 ** | - 14. 971 *** | - 14. 175 *** | 0. 517 | - 11. 276 *** | - 12. 070 *** |
| ln$INC$ | 2. 216 ** | - 1. 106 | - 2. 124 ** | - 19. 950 *** | - 19. 265 *** | 0. 140 | - 13. 771 *** | - 14. 398 *** |
| ln$CONS$ | 2. 165 ** | - 2. 038 | - 1. 931 ** | - 18. 313 *** | - 16. 257 *** | 0. 569 | - 12. 635 *** | - 12. 308 *** |
| ln$CUL$ | 4. 210 *** | - 1. 367 | - 1. 841 ** | - 15. 627 *** | - 14. 642 | 1. 058 | - 9. 946 *** | - 8. 721 *** |

注：*** 、** 和 * 分别表示在1%、5% 和10% 的显著性水平下通过显著性检验，拒绝不存在协整关系的原假设。

可以看出，按保护能力分组的样本数据 Kao 检验在 1% 的水平下通过显著性检验，而在 Pedroni 检验中，大部分 Panel v - Stat 统计量和 Group rho - Statistic 统计量都未通过显著性检验，但其他统计量在 1% 的水平下均通过显著性检验。因此可以认为按生态保护能力分组样本的生态环境质量与其他自变量之间也存在协整关系，可以直接对实证模型进行回归分析，并且回归结果同样不存在伪回归现象。

2. 回归结果分析

同样采用系统 GMM 回归方法进行回归检验，表 5 - 10 和表 5 - 11 给出了高保护和低保护能力样本组回归结果。可以看到，前者明显更能充分发挥国家重点生态功能区转移支付对生态环境质量的促进作用，并且这一作用程度远大于后者，验证了命题3。按财政收入水平分组样本同样表明财政收入水平对生态环境质量具有显著的影响，且财政收入水平越高，影响程度越大，验证了命题2。其他变量的解释这里不再赘述。

表5-10 高保护能力组回归估计结果

| 变量 | 方程（1） | 方程（2） | 方程（3） | 方程（4） | 方程（5） | 方程（6） | 方程（7） |
|---|---|---|---|---|---|---|---|
| $\ln EI_{t-1}$ | 0.906*** | 0.855*** | 0.839*** | 0.855*** | 0.842*** | 0.796*** | 0.796*** |
| | (25.08) | (27.88) | (26.16) | (28.34) | (29.46) | (24.62) | (20.14) |
| $\ln TR_{t-1}$ | 0.415** | 0.425*** | 0.426*** | 0.430*** | 0.392*** | 0.370*** | 0.400*** |
| | (2.13) | (3.15) | (4.56) | (4.52) | (4.37) | (4.19) | (4.109) |
| $\ln GR_{t-1}$ | | 0.197** | 0.140*** | 0.142** | 0.037*** | 0.056*** | 0.057*** |
| | | (2.31) | (3.90) | (3.81) | (3.58) | (4.41) | (4.32) |
| $\ln perGDP_{t-1}$ | | | -0.036*** | -0.013*** | -0.094* | -0.013* | -0.087* |
| | | | (-3.29) | (-2.73) | (-1.69) | (-1.86) | (-1.88) |
| $\ln IS_{t-1}$ | | | | -0.019* | -0.020* | -0.037* | -0.035* |
| | | | | (-1.67) | (-1.77) | (-1.97) | (-1.75) |
| $\ln INC_{t-1}$ | | | | | -0.143** | -0.124* | -0.142** |
| | | | | | (-2.20) | (-1.92) | (-2.03) |
| $\ln CONS_{t-1}$ | | | | | | -0.029** | -0.032** |
| | | | | | | (-2.28) | (-2.39) |
| $\ln CUL_{t-1}$ | | | | | | | -0.075* |
| | | | | | | | (-1.88) |
| AR（1）p值 | 0.0002 | 0.0002 | 0.0001 | 0.0000 | 0.0000 | 0.0000 | 0.0002 |
| AR（2）p值 | 0.1348 | 0.1335 | 0.1280 | 0.2488 | 0.2229 | 0.1273 | 0.1376 |
| Sargan p值 | 0.1805 | 0.1408 | 0.1713 | 0.2513 | 0.1160 | 0.1987 | 0.2686 |

注：***、**和*分别表示在1%、5%和10%的显著性水平下通过显著性检验；括号中的数值为t统计值；所有方程的截距项的系数在给定的条件下都通过了显著性检验，限于篇幅，表中未汇报。低财政收入组数据加入人均GDP的平方项时多数变量都变得不显著，因此未添加人均GDP的平方项。

表 5 - 11　低保护能力组回归估计结果

| 变量 | 方程（1） | 方程（2） | 方程（3） | 方程（4） | 方程（5） | 方程（6） | 方程（7） |
|---|---|---|---|---|---|---|---|
| $\ln EI_{t-1}$ | 0. 586 *** | 0. 535 *** | 0. 513 *** | 0. 488 *** | 0. 385 *** | 0. 4120 *** | 0. 412 *** |
| | （11. 71） | （9. 89） | （8. 99） | （8. 15） | （5. 58） | （6. 19） | （6. 06） |
| $\ln TR_{t-1}$ | 0. 036 *** | 0. 016 * | 0. 015 *** | 0. 017 * | 0. 010 * | 0. 019 ** | 0. 019 ** |
| | （6. 05） | （1. 95） | （3. 34） | （1. 85） | （1. 95） | （2. 82） | （2. 44） |
| $\ln GR_{t-1}$ | | 0. 017 ** | 0. 019 ** | 0. 018 * | 0. 027 *** | 0. 007 * | 0. 007 * |
| | | （2. 27） | （2. 35） | （2. 16） | （2. 86） | （1. 837） | （1. 97） |
| $\ln perGDP_{t-1}$ | | | - 0. 008 *** | - 0. 016 ** | - 0. 045 ** | - 0. 035 ** | - 0. 037 ** |
| | | | （- 2. 55） | （- 2. 16） | （- 2. 59） | （- 2. 14） | （- 1. 78） |
| $\ln IS_{t-1}$ | | | | - 0. 012 * | - 0. 018 * | - 0. 026 * | - 0. 024 * |
| | | | | （- 1. 89） | （- 2. 19） | （- 1. 81） | （- 1. 79） |
| $\ln INC_{t-1}$ | | | | | - 0. 016 *** | - 0. 014 ** | - 0. 017 ** |
| | | | | | （- 2. 68） | （- 2. 55） | （- 2. 52） |
| $\ln CONS_{t-1}$ | | | | | | - 0. 037 ** | - 0. 035 ** |
| | | | | | | （- 2. 54） | （- 2. 27） |
| $\ln CUL_{t-1}$ | | | | | | | - 0. 056 * |
| | | | | | | | （- 1. 94） |
| AR（1）$p$ 值 | 0. 0001 | 0. 0010 | 0. 0000 | 0. 0000 | 0. 0000 | 0. 0000 | 0. 0012 |
| AR（2）$p$ 值 | 0. 6095 | 0. 5963 | 0. 4758 | 0. 3247 | 0. 2573 | 0. 4094 | 0. 5066 |
| Sarganp 值 | 0. 1532 | 0. 2073 | 0. 1532 | 0. 2716 | 0. 2073 | 0. 2236 | 0. 4013 |

注：*** 、** 和 * 分别表示在 1% 、5% 和 10% 的显著性水平下通过显著性检验。

# 四、本章主要结论与政策建议

## （一）主要结论

本章主要考察了我国国家重点生态功能区转移支付的长期动态激励效应，对生态补偿契约的激励约束效应进行分析。通过第三章的数理分析和理论分析，分别提出了各县级政府的生态环境效益产出与国家重点生态功能区转移支付、县级政府财政收入水平以及生态保护能力三者关系的三个命题。随后，以陕西省33个县为研究样本对上述命题进行实证研究，主要得到以下结论：

第一，国家重点生态功能区转移支付对生态环境质量改善起到了重要的作用，是抑制生态环境质量恶化、促进生态环境逐渐转好的重要因素；县级政府财政收入水平增加在抵消转移支付的激励效应同时，也会促使县级政府自觉提高生态环境保护努力，后者的正效应大于前者的负效应；基期的生态环境状况同样对当期的生态环境质量提高发挥了不可或缺的促进作用，建立长效的激励机制成为必然选择。

第二，财政收入水平高的县级政府更愿意保护生态环境，提高生态环境效益产出，因此，应提高各个县级政府的财政收入水平，国家重点生态功能区属于禁止开发区和限制开发区，当地政府很难通过大规模的城镇化和工业化增加财政收入，而其他地区特别是优先开发和重点开发地区一直在无偿享受这些区域提供的生态环境产品，其理应为此支付补偿。

第三，考虑生态保护能力异质性的转移支付办法有利于充分发挥国家重点生态功能区转移支付激励机制的效应。本书的实证分析结果表明，高生态保护能力县级政府能够相对更好地发挥国家重点生态功能区转移支付的生态环境保护效应，尽管还有其他因素造成国家重点生态功能区转移支付的效果未能达到预期目标，但忽视县级政府生态保护能力异质性，仍是主要原因之一。

第四，现阶段的经济增长仍会阻碍生态环境质量的改善，陕西省范围内的国家重点生态功能区所在县级政府的经济增长与生态环境质量之间尚未呈现"U"形曲线发展趋势；而第二产业增加值占 GDP 的比重增长、城乡居民收入差距的拉大、居民消费增加以及耕地面积的增加都在一定程度上阻碍了生态环境质量的改善。

## （二）政策建议

构建本书的理论分析和实证研究结论，本书提出以下提高生态效益产出政策建议：

第一，完善国家重点生态功能区的生态补偿激励考核机制。建立健全国家重点生态功能区生态补偿长效机制必须构建能够激励县级政府的动力机制。一方面，继续加大对国家重点生态功能区所在县级政府的转移支付水平，激励县级政府继续生态保护的积极性；另一方面，可以结合前几期和当期的生态环境效益综合考虑转移支付分配，也可以采用分批下拨的方式将转移支付拨付给县级政府，使得县级政府要获得相应的生态补偿转移支付既要关注当期的生态环境效益，也要关注后期的生态环境效益，保证县级政府生态环境保护的持久性，促进生态环境的永续发展。

第二，扩大中央政府的一般性财政转移支付和受益地区的横向财政转移支付，增加国家重点生态功能区所在县级政府财政收入。国家重点生态功能区内的资源禀赋现状和地理位置因素决定了其经济发展的落后，因此县级政府的财政收入水平有限，而国家重点生态功能区生态环境保护和建设目标有进一步限制经济增长，使其面临生态环境保护成本增加和机会成本损失的双重压力。基于此，一方面，中央政府应继续加大对国家重点生态功能区所在县级政府的一般性和专项的财政转移支付，提高其基本的财政收入水平，保证财政支出能力。另一方面，东部发达地区在进行大规模工业化和城镇化开发的同时也无偿享受了国家重点生态功能区生态环境保护和建设提供的生态环境效益，因此前者向后者提高横向生态环境保护和建设的财政转移支付也是应有之义，当然，东部地区除向国家重点生态功能区所在县级政府提供资金支持外，还应在技术、人力交流方面提供便利，促进这些地区自身的发展能力。

第三，中央政府在制定生态补偿转移支付政策时应将县级政府生态保护能力异质性考虑到生态补偿决策中，根据县级政府生态保护能力的异质性水平，制定差异性的转移支付激励机制。根据县级政府生态保护能力异质性提供生态补偿转移支付并不是降低对低生态保护能力县级政府的转移支付数量，而是制度不同的转移支付形式。对于低保护能力的县级政府来说，中央政府可以加大固定性转移支付比例，降低激励性转移支付比例；对于高保护能力的县级政府来说，要加大激励性转移支付比例，降低固定性转移支付比例。此外，还可以加大对低保护能力县级政府生态保护工作的监督考察，迫使其投入更多的生态保护努力，弥补生态保护能力的不足。

第四，改变县级政府片面追求 GDP 增长的政绩考核制度，明确县级政府社会福利包含经济增长和生态环境保护两部分，并逐步提高生态环境保护的比重。实证结果表明，生态效益产出与经济增长之间呈现负相关关系，经济增长在一定程度上抑制了生态效益产出。要提高地方政府环境保护的积极性，首要在于改变片面追求 GDP 的政绩考核制度，增加环境保护在政绩考核中的比重，构建能够反映生态环境保护要求的绿色 GDP 的政绩考核制度，将生态效益产出状况、生态环境保护状况、自然资源使用和环境破坏指标纳入政绩考核体系特别是国家重点生态功能区所在地方政府的政绩考核中，才能平衡地方政府在生态保护和经济增长之间的倾向，增强地方政府环境保护的积极性。

第五，县级政府可以从调整产业结构、缩小城乡收入差距和退耕还林方面入手，提高当地居民特别是农村居民的生态保护努力。首先，要调整产业结构，因地制宜地发展生态农业和生态旅游业，大规模的工业化和城镇化建设与作为禁限开发区的国家重点生态功能区的建设目标存在冲突，本书的实证研究也表明工业化的发展不利于生态环境质量的提高，因此，这些地区要对存在高污染的企业实施异地开发或者直接关停，转而充分发挥本地区丰富的生态资源的比较优势，因地制宜地发展生态农业和旅游业，农村居民还可以依据地理位置的优势开办农家乐等副业。其次，要增加农村居民收入，降低城乡居民收入差距，城乡居民收入差距的扩大增加了农村居民的不公平心理，促使其为了提高收入水平，会基于自身的地理位置便利破坏生态环境以增加自己的收入水平，这造成了生态效益产出的下降，因此提高农村居民的收入水平，改变其行为选择也是提高生态环境质量的一个重要举措。最后，要继续推进和巩固退耕还林工程，一些学者的研究表明，我国实施退耕还林的地区存在返耕现象，这在造成成本浪费的同时也不利于生态效益产出，2014 年 8 月，国家多部委联合出台了《新一轮退耕还林还草总体方案》，正式下达退耕还林任务 483 万亩，标志着新一轮退耕还林工程正式启动，这要求地方政府做好退耕还林的宣传和指导工作，保证退耕还林工程的可持续性。

# 五、小结

政府补偿是中国生态补偿实施的主要方式，中央政府对国家重点生态功能区所在县级政府提供转移支付是解决生态环境保护成本与生态效益区域错配问题的重要措施。上一章对静态条件下国家重点生态功能区转移支付激励机制进行了理论讨论和数值模拟，分析了三种信息不对称条件下中央政府和县级政府之间的最优行为选择，这一分析有利于中央政府对不同信息不对称条件下县级政府的生态环境保护行为选择进行约束和激励。但是，为充分发挥国家重点生态功能区转移支付对县级政府生态环境保护的激励效应，必须构建长效的激励机制，奖励和惩罚必须"瞻前顾后"，这一目标是静态条件下或者说是一期转移支付激励契约无法实现的。

本章与第三章理论分析中的共同代理模型相对应，以陕西省国家重点生态功能区转移支付及其生态环境质量指数为研究样本，考察了动态条件下国家重点生态功能区转移支付在双重目标下的激励效应及差异。首先通过理论分析提出三个命题：一是国家重点生态功能区转移支付能够激励生态环境效益产出；二是县级政府财政收入水平与生态环境效益产出正相关；三是县级政府生态环境保护能力与生态环境效益产出水平正相关。随后，以陕西省 2009~2018 年享受国家重点生态功能区转移支付的 33 个县为研究样本，对转移支付的效果及上述命题进行实证检验，结果表明转移支付对生态环境质量的改善起到了显著作用，长效的激励考核机制同样有利于生态环境质量的改善，财政收入水平高的县级政府越愿意提供生态环境保护努力，而县级政府的生态环境保护能力越高，其单位转移支付的生态环境效益产出越高。此外，经济增长、第二产业比重上升、城乡收入差距扩大、居民消费水平上升和耕地面积的增加也会降低生态环境质量。文章的政策含义是中央政府应建立长效的激励考核和监督机制；增加对国家重点生态功能区所在县级政府的纵向和横向转移支付；考虑县级政府生态保护能力的异质性，制定差异化的转移支付政策；改进以 GDP 为核心的政绩考核制度，而县级政府应在产业结构、城乡收入差距和退耕还林等方面做出调整，提高居民的生态保护努力。

# 第六章 居民视角下国家重点生态功能区生态补偿激励机制分析

通过第三章理论分析可知，生态补偿政策是影响居民生态保护意愿和行为的重要外部因素，实施生态补偿政策提高"羊头"和集体的生态保护意愿，可以形成更多的生态保护行为。本章主要运用计划行为理论和结构方程模型对国家重点生态功能区当地居民的生态保护意愿及行为进行分析。首先对计划行为理论的演进进行分析，并据此设计调研问卷的变量，并提出本书的待检验命题；其次对调研设计及样本特征进行描述，并对数据的信度和效度进行检验；再次构建生态补偿政策对居民生态保护意愿和行为影响的结构方程，对命题进行验证；最后得出部分的主要结论并从居民视角提出促进生态保护行为的激励机制政策建议。

## 一、计划行为理论及命题的提出

### （一）计划行为理论

计划行为理论（Theory of Planned Behavior，TPB）是在理性行为理论（Theory of Reasoned Action，TRA）的基础上演化和形成的。Ajzen 和 Fishbein（1977）[323] 提出了最初的理性行为理论，用来解释和研究行为主体的行为意愿问题，理性行为理论认为除行为主体的行为态度影响行为意愿外，行为主体的主观规范也会对行为意愿产生影响，而受行为态度和主观规范影响的行为意愿是决定行为主体实际行为的最直接因素。具体来说，行为态度是行为主体在进行某项行为（如保护生态环境）时，对该项行为对自身产生的主观性感受，该感受可能是积极的

（如能够通过生态保护获得更好的空气和水源），也可能是消极的（如生态保护占用了生产资料和劳动力），行为态度是主体对该项行为产生结果的一种自我评价。主观范式是行为主体在进行某项行为（如保护生态环境）时，受到的周边对自己产生重要影响的人物（如家人、亲戚、邻居等）或者政府组织等行为主体行为选择的影响。理性行为理论模型如图6-1所示。

**图 6-1 理性行为理论模型**

理性行为理论不仅能够分析行为主体行为选择的过程，还可以发现该行为选择的影响因素，因此该理论在分析实际问题时具有较高的理论价值，从而受到广大学者特别是社会心理学学者的青睐。但是，理性行为理论也存在固有的缺陷，其中最重要的缺陷就是行为主体的意愿能够完全控制行为选择的前提假设，这一假设条件并非总是成立的，现实中的行为选择在多数情况下不仅受到行为意愿的影响，还会受到其他主客观因素的影响，这一违背现实的假设使得该理论的实际应用存在某些限制，因此，社会心理学家对理性行为理论进行发展和完善，逐渐形成了新的理论——计划行为理论，扩大了该理论的有效性和适用性。

20世纪80年代，美国社会心理学学者Ajzen以理性行为理论为基础，初步提出了计划行为理论，其相对于理性行为理论最大的改进是创造性地增加了感知行为控制因素。感知行为控制主要是行为主体基于自身掌握的机会和能力等因素而自我感觉的该项行为选择的难易程度，是对该项行为选择的主观认知。计划行为理论的模型如图6-2所示。

随着计划行为理论的发展和日趋完善，该理论在解释行为主体的意愿和行为选择方面取得了更为理想的效果，并得到了社会心理学、经济学以及生态环境学等诸多领域专家学者的接受和肯定。当然，计划行为理论和其他理论一样，也存在不足的地方，Ajzen（1991）[324]也认为计划行为理论模型并不完美，在研究一些具体状况下的主体行为选择时，要根据研究的实际问题对计划行为理论进行修正和扩展，以适应特定的研究对象。国内外学者对该理论的应用也是在特定情境下加入特定变量。

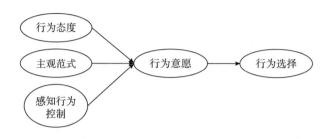

图 6 - 2　计划行为理论模型

在生态环境保护方面，计划行为理论得到了广泛的应用，国外方面，Beedell和 Rehman（1999）[325]将计划行为理论引入到贝德福德地区的农民对野生物种进行保护的行为选择研究中，结果表明社会因素对农民保护野生物种的行为选择方面具有显著的解释力。Bamberg 和 Schmidt（2003）[326]以 254 份调查问卷为研究样本，将计划行为理论引入到消费者对低碳旅行工具的选择上，结果表明，汽车的使用习惯会显著提高计划行为理论模型预测的准确性，但是消费者行为规范变量对选择低碳旅行工具意愿的影响是不显著的。Kaiser 和 Gutscher（2003）[327]以瑞士的 895 份调研问卷为研究样本，验证了感知行为控制（Perceived Behavioral Control，PBC）因素对家庭日用品循环利用行为选择的影响，结果表明，行为意愿、主观规范和感知行为控制三种能够有效地解释消费者的行为选择。Han 等（2010）[328]采用计划行为理论和结构方程，研究了消费者的绿色酒店消费行为选择，结果表明，计划行为理论能够显著地解释消费者的行为选择，态度、主观规范和感知行为控制能够对消费者对绿色酒店的行为选择产生积极影响。国内方面，陆文聪和余安（2011）[329]以浙江省 16 个县（市）的 311 份居民调研问卷为研究样本，增加认知变量控制计划行为理论模型，随后通过 Logistic 回归分析研究了居民采用节水灌溉技术的意愿影响因素，结果表明，制度、收入、增收以及风险因子等都对居民行为产生了显著的影响。朱长宁和王树进（2014）[330]以陕西省陕南三市（安康、汉中和商洛）的 291 份居民调研问卷为研究样本，基于计划行为理论，采用列联表和卡方检验的计量方法，从农技培训、信息获取等方面讨论了该地区退耕还林居民的农业认知影响因素，并提出相应的政策建议。王瑞梅等（2015）[331]以山东各地区随机获得的 347 份调研居民为研究对象，基于计划行为理论模型研究了我国农村固体废弃物排放行为及其影响因素，结果表明，居民固体废弃物排放行为意愿直接显著效应排放行为，而行为意愿主要受行为态度的影响，其他外部因素影响较小。侯博和应瑞瑶（2015）[332]以环太湖流域的216个分散居民为研究样本，基于计划行为理论和结构方程模型讨论了分散居民的低碳生产行为及其影响因素，结果表明居民低碳行为意愿能够显著促进其低碳生产行为，而居民低碳行为选择意愿主要是由居民的行为态度、主观规范以及知觉行为控制决定的。牛晓叶（2013）[333]以我国2008~2011年受邀回答GDP问卷的317家企业为研究对象，运用计划行为理论分析了企业低碳决策行为选择的影响因素，结果表明，来自政府和顾客的期望或者压力是其低碳决策的主因，缺乏利益驱动。此外，还有学者同样运用计划行为理论对知识型员工的节能意愿（张毅祥、王兆华，2012）[334]、绿色消费行为（劳可夫、吴佳，2013）[335]、旅游者环境负责行为意愿（周玲强等，2014）[336]以及低碳旅游意愿（胡兵等，2014）[337]等方面进行了研究。

通过上述文献综述可以看出，国内外学者通过对计划行为理论进行修正和扩展，加入特定研究背景下特定变量而使该理论内涵更为丰富，增加了模型的适用性和有效性，这为本书的研究提供了较好的研究范式和文献支持。

**（二）实证模型构建**

国家重点生态功能区当地居民是当地生态环境建设和保护的最直接主体，其生态建设和保护行为选择会受到其心理因素以及其他外部因素的影响，而本部分就是构建分析居民生态环境建设和保护意愿及行为模型，探讨影响居民生态保护的因素。

在具体的模型构建中，除包含当地居民行为态度、主观规范以及感知行为控制因素外，中央政府和当地政府的生态补偿政策也是重要的影响因素，并且生态补偿政策不仅能够直接影响当地居民的生态环境建设和保护行为，还会通过影响其生态环境建设和保护意愿间接影响生态环境建设和保护行为。因此，本书将生态补偿政策作为重要变量引入模型中，从而形成了本书基于计划行为理论的实证模型，如图6-3所示。

**（三）变量设置和命题的提出**

本部分主要依据图6-3的理论模型对国家重点生态功能区当地居民的行为

态度、主观规范、感知行为控制、生态保护意愿、生态补偿政策以及生态保护行为等相关变量进行界定并推出本书研究的待检验假设。

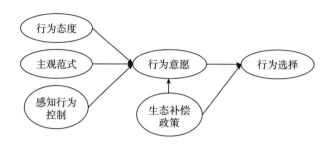

图 6－3　居民生态补偿意愿与行为理论模型

1. 行为态度

行为态度是国家重点生态功能区当地居民在进行生态环境保护时对该项行为对自身利益影响的积极或者消极感受，代表了居民对生态环境保护的主观看法。一般状况下，当居民认为保护生态环境能够对自身产生积极的影响时，会更愿意进行生态环境保护，因此，本书关于行为态度的命题为：

H1：国家重点生态功能区当地居民积极的行为态度能够正向影响环境保护意愿。

2. 主观规范

主观规范是国家重点生态功能区当地居民在决定是否保护生态环境时受到的周围重要的人或者组织的影响。在计划行为理论中，一般认为行为主体对主观规范的认知越强，其行为意愿也会越强烈。当地居民在决定是否保护生态环境时必然会面临来自家人、亲戚、朋友、邻居以及政府部门等周边人或者组织的影响，从而对其生态环境保护意愿产生影响。因此，关于主观规范的命题为：

H2：国家重点生态功能区当地居民积极的主观规范能够正向影响生态保护意愿。

3. 感知行为控制

感知行为控制是国家重点生态功能区当地居民自我感觉地进行生态环境保护行为的难易程度，是当地居民对影响其生态环境保护行为因素的主观认识。一般状况下，当居民认为自身更有能力进行生态环境保护行为时，就会导致居民的这种感知行为控制越强，产生越强烈的生态环境保护意愿。因此，关于感知行为控制的命题为：

H3：国家重点生态功能区当地居民强烈的感知行为控制能够正向影响保护意愿。

4. 生态保护意愿

计划行为理论最核心的内容就是认为行为主体的内在心理变量（主要包括行为态度、感知行为控制和主观规范三者）会对该行为主体的行为意愿产生影响，并且当心理变量越积极（即行为态度越积极、感知行为控制越强烈、受到周围人或者组织的积极影响越强烈）时，行为主体在进行行为选择的积极意愿越强烈，而这种积极的生态保护意愿必然会带来正向的生态保护行为影响。也就是说，当国家重点生态功能区当地居民的生态保护态度越积极、认为自身能够进行生态保护的感知越强烈、受到周边人或者组织积极保护生态环境的影响越大，其生态保护意愿也会越强烈，其越愿意进行生态保护行为，因此，关于生态保护意愿的命题为：

H4：国家重点生态功能区当地居民积极的生态保护意愿能够正向影响保护行为。

5. 生态补偿政策

计划行为理论虽然得到了广泛的应用，但是该理论忽视了其他外在因素的影响，而学者在利用计划行为理论时也会从自身的研究出发，对其进行扩展，以增强计划行为理论的适用性。国家重点生态功能区当地居民在进行生态环境保护时，一个重要的外在因素就是生态补偿政策，中央政府和当地政府会对居民的生态保护行为及其因此造成的损失进行补偿，这必然会在一定程度上影响当地居民的生态保护意愿和生态保护行为。而已有的研究也表明，政策变量可以直接影响居民的生态保护行为，也可以通过影响生态保护意愿间接影响居民的生态保护行为（赵建欣、张忠根，2007）[338]。因此，关于生态补偿政策的命题为：

H5：国家重点生态功能区生态补偿政策能够正向影响当地居民的生态保护意愿。

H6：国家重点生态功能区生态补偿政策能够正向影响当地居民的生态保护行为。

<h1 style="text-align:center">二、变量选择与调研设计</h1>

### （一）变量选择

在设计国家重点生态功能区居民生态保护意愿及行为调研问卷之前，笔者先查阅了国内外关于居民行为和意愿的研究成果特别是基于问卷调查的研究成果，在分析和总结前人研究成果的基础上，制定了本书的调研问卷，同时，为了真实、全面和有效地反映相关问题，完善生态补偿机制研究课题组成员首先对陕西省长安区大峪口地区的居民进行了小规模的访谈并对问卷进行了修改，形成了最终的调研问卷。

基于上述计划行为理论及其扩展理论的分析以及预调研的反馈，本书借鉴其他学者的研究成果，定义研究国家重点生态功能区当地居民生态保护意愿及其行为的潜变量和潜变量相对应的可观测变量，假定 $x_1$、$x_2$、$x_3$、$x_4$、$x_5$ 和 $y$ 分别表示行为态度、主观规范、感知行为控制、生态补偿政策、生态保护意愿和生态保护行为。

1. 心理变量的测量

（1）行为态度。

国家重点生态功能区当地居民生态保护的行为态度对其进行生态环境保护行为会产生较大的积极或者消极的影响。而在行为态度变量选择上，赵建欣和张忠根（2007）[338]认为制度环境会在较大程度上影响居民的生态建设态度；曹世雄等（2009）[339]将能否带来收入作为居民退耕还林行为态度的影响因素。考虑到国家重点生态功能区的生态环境保护能够增加该地区的生态环境质量，良好的生态环境可以使当地居民身心愉悦，这也必然提高当地居民的生态保护意愿。因此，本书这里选择当地居民对待政策的态度（$x_{11}$）、身心愉悦（$x_{12}$）和收入影响（$x_{13}$）三个方面测量居民保护生态环境的行为态度。

（2）主观规范。

国家重点生态功能区当地居民生态环境保护的主观规范是指其在进行生态环境保护时受到周围人或者组织的影响。柯水发等（2008）[340]研究退耕还林居民在做出退耕还林决策时会明显受到当地政府特别是林业管理部门的意见影响；黄瑞芹等（2008）[341]认为邻居对行为主体的行为决策会产生重要影响。而在当地居民做出生态保护行为决策中，家人以及亲戚朋友的意见也必然会产生重要影响。因此，本书在测度当地居民的主观规范时，采用当地政府意见（$x_{21}$）、家人意见（$x_{22}$）、周边邻居意见（$x_{23}$）以及亲戚朋友意见（$x_{24}$）四个变量。

（3）感知行为控制。

国家重点生态功能区当地居民生态环境保护的感知行为控制是指居民对进行生态环境保护难易程度的主观认识。在感知行为控制变量的选取上，姚增福等（2010）[342]在测度居民感知行为控制时从其生产能力和风险承担能力两方面进行了测度。本书借鉴前人的研究成果并考虑国家重点生态功能区的实际状况，从当地居民的补偿收入状况（$x_{31}$）、参与能力（$x_{32}$）以及风险承受能力（$x_{33}$）三个方面进行测度。

（4）生态保护意愿。

国家重点生态功能区当地居民的生态保护意愿是指居民自发主动地保护生态环境行为的主观愿望。在意愿研究方面，柯水发等（2008）[340]在研究居民生态建设意愿时将其是否愿意参与退耕还林作为测度指标；姚增福等（2010）[342]采用粮食种植对居民家庭的重要性以及是否符合居民自身意愿作为居民种粮意愿的测度指标；魏凤等（2011）[343]把是否愿意带动邻居和自己选择相同的行为作为居民宅基地换房意愿的测度指标。具体到国家重点生态功能区生态环境保护意愿考察上，本书认为不给予当地居民生态保护转移支付条件下其还是否愿意继续生态环境保护也是考察居民生态保护意愿的重要变量。因此，本书选择是否愿意保护生态环境（$x_{51}$），没有生态补偿条件下是否愿意保护生态环境（$x_{52}$）、生态保护是否符合我的意愿（$x_{53}$），生态保护对家庭生活、生产很重要（$x_{54}$）以及是否建议周围人一起保护生态环境（$x_{55}$）五个指标来测度当地居民的生态保护意愿。

2. 生态补偿政策

生态补偿政策是中央政府或者当地政府对国家重点生态功能区当地居民的生态环境保护行为给予的一系列激励措施，其中最重要也是最有力的政策就是国家重点生态功能区转移支付。夏自兰等（2012）[344]在研究农业生产和生态环境的相互影响时，采用退耕还林补贴、地方政府检查状况以及对退耕还林后的产业发展给予指导三个方面研究政策变量。而本书认为除这些因素外，政策的透明性也是国家重点生态功能区生态补偿政策的一个重要程度方面。因此，本书选择生态补偿政策相关信息是否透明（$x_{41}$）、是否赞同政府采用生产成本方法来发放补助（$x_{42}$）、地方政府是否检查生态保护状况（$x_{43}$）以及政府是否给予生态保护后续的技术指导（$x_{44}$）四个方面测度。

3. 生态保护行为

国家重点生态功能区当地居民的生态环境保护行为是指当地居民在一定时间内从事的生态环境保护和建设活动。王雪梅等（2003）[345]以伊春地区的生态林区林木管护为例，认为当地生态林管护中存在乱砍滥伐现象，并且管护人员缺乏基本的管护技术及学习技术的机会。因此，本书认为当地居民的生态环境保护行为应包括维护以种植的树林以及学习相应的技术，同时国家重点生态功能区的生态环境保护还应包括对生活垃圾的处理以及规劝周边人员保护生态环境。最终，本书选择是否维护生态保护后种植的树木（$y_1$）、是否自觉处理垃圾（$y_2$）、是否规劝周边他人自觉处理垃圾（$y_3$）以及是否学习相关的生态保护技术（$y_4$）四个测度指标。

对于上述潜变量对应的可观测变量的测度，本书采用 Likert 5 点量表法表示，这六个潜变量及其对应的可观测变量及其测度状况如表6－1所示。

表6－1 变量定义及描述性统计

| 类别 | 变量 | 变量说明 | 变量取值 |
|---|---|---|---|
| 行为态度 | $x_{11}$ | 生态保护是国家政策，必须执行 | 1 完全不同意　2 不同意<br>3 无所谓　4 同意　5 完全同意 |
| | $x_{12}$ | 生态保护能够实现青山绿水，带来愉快心情 | 同 $x_{11}$ |
| | $x_{13}$ | 生态保护同时还能够带来稳定的收入 | 同 $x_{11}$ |
| 主观范式 | $x_{21}$ | 政府认为应该进行生态保护活动 | 同 $x_{11}$ |
| | $x_{22}$ | 家人认为应该进行生态保护活动 | 同 $x_{11}$ |
| | $x_{23}$ | 邻居认为应该进行生态保护活动 | 同 $x_{11}$ |
| | $x_{24}$ | 亲戚朋友认为应该进行生态保护活动 | 同 $x_{11}$ |
| 感知行为控制 | $x_{31}$ | 水源区生态保护有补偿政策，可以得到补贴 | 同 $x_{11}$ |
| | $x_{32}$ | 有生态保护（植树造林）的能力 | 同 $x_{11}$ |
| | $x_{33}$ | 能够承担水源区生态保护过程中的风险 | 同 $x_{11}$ |

续表

| 类别 | 变量 | 变量说明 | 变量取值 |
|---|---|---|---|
| 生态补偿政策 | $x_{41}$ | 生态保护补偿政策的相关信息是否透明 | 1 很不透明　2 不透明<br>3 一般　4 透明　5 很透明 |
| | $x_{42}$ | 赞同政府采用生产成本方法来发放补助 | 1 很不赞同　2 不赞同<br>3 一般　4 赞同　5 很赞同 |
| | $x_{43}$ | 政府检查水源区生态保护状况（退耕、植树） | 1 从来不做　2 很少做<br>3 一般　4 做一些　5 经常做 |
| | $x_{44}$ | 政府给予生态保护（如植树）技术指导 | 同 $x_{43}$ |
| 生态保护意愿 | $x_{51}$ | 你是否愿意参与生态保护 | 1 非常不愿意　2 比较不愿意<br>3 一般　4 比较愿意　5 很愿意 |
| | $x_{52}$ | 没有生态保护补助是否愿意参与生态保护 | 同 $x_{51}$ |
| | $x_{53}$ | 生态保护活动对我的家庭生产、生活很重要 | 同 $x_{11}$ |
| | $x_{54}$ | 生态保护活动符合我的意愿 | 同 $x_{11}$ |
| | $x_{55}$ | 建议周围的人进行生态保护活动 | 同 $x_{11}$ |
| 生态建设行为 | $y_1$ | 您是否维护生态保护后种植的树木 | 同 $x_{43}$ |
| | $y_2$ | 是否将垃圾扔到指定的垃圾桶（站）中 | 同 $x_{43}$ |
| | $y_3$ | 是否会阻止他人破坏生态保护或乱扔垃圾 | 同 $x_{43}$ |
| | $y_4$ | 是否学习生态保护（植树造林）方面的技术 | 同 $x_{43}$ |

## （二）调研设计及样本特征

1. 抽样地点

商洛市的柞水县和镇安县是本次调研的地点。柞水县主要选择牛背梁国家自然保护区附近的营盘镇、乾佑镇和下梁镇的 6 个村进行调研。镇安县主要选取木王国家森林公园附近的木王镇和杨泗镇的 5 个村级单位进行调研。

2. 调研方法

本次调查方法采用直接面访问卷调查方法，在讲解调研目的、方法和内容之后，对居民进行现场访问，并按照被调查者的回答由调研人员直接填写。

3. 数据分布与收集

本次调研共发放 630 份问卷，收回有效问卷 614 份，有效问卷分布状况如表 6-2所示。

表6-2　有效问卷分布状况　　　　　　　　　单位：份,%

| 所在县 | 所在镇 | 所在村 | 有效问卷数 | 占比 |
|---|---|---|---|---|
| 柞水县 | 营盘镇 | 安沟村 | 89 | 14 |
| | | 朱家湾村 | 65 | 10 |
| | | 药王堂村 | 71 | 12 |
| | 乾佑镇 | 什家湾村 | 51 | 8 |
| | | 石镇村 | 54 | 9 |
| | 下梁镇 | 沙坪村 | 41 | 7 |
| 镇安县 | 木王镇 | 月坪村 | 53 | 9 |
| | | 长坪村 | 67 | 11 |
| | | 栗扎坪村 | 35 | 6 |
| | 杨泗镇 | 平安村 | 61 | 10 |
| | | 桂林村 | 27 | 4 |

**4. 样本特征分析**

对614份有效问卷的调查对象基本状况进行统计，结果如表6-3所示。可以看出，本次调研对象男女比例基本各占一半，男性稍多；调查对象的年龄在25~54岁的占总调查人数的69.06%；由于调研多是在农村进行，因此，调查对象的文化程度较低，初中及以下学历的人数占比为72.97%；调查对象的职业多为农民，占比为65.80%；调查对象所在家庭的人口数在4~6人的占比为73.13%；调查对象的家庭年收入大于在10000~40000元的占比为62.54%；家庭收入基本靠打工收入，打工收入占比为77.85%。

表6-3　样本数据的基本特征　　　　　　　　　单位：人,%

| 统计指标 | 分类指标 | 人数 | 比例（占有效样本） | 分类指标 | 人数 | 比例（占有效样本） |
|---|---|---|---|---|---|---|
| 性别 | 男 | 322 | 52.44 | 女 | 292 | 47.56 |
| 年龄 | 18~24岁 | 65 | 10.59 | 45~54岁 | 144 | 23.45 |
| | 25~34岁 | 135 | 21.99 | 55~64岁 | 90 | 14.66 |
| | 35~44岁 | 145 | 23.62 | 65岁以上 | 35 | 5.70 |

续表

| 统计指标 | 分类指标 | 人数 | 比例<br>（占有效样本） | 分类指标 | 人数 | 比例<br>（占有效样本） |
|---|---|---|---|---|---|---|
| 文化程度 | 未上学 | 42 | 6.84 | 高中/中专/大专 | 133 | 21.66 |
| | 小学 | 163 | 26.55 | 本科 | 32 | 5.21 |
| | 初中 | 243 | 39.58 | 硕士及以上 | 1 | 0.16 |
| 职业 | 农民 | 404 | 65.80 | 教师 | 9 | 1.47 |
| | 普通工人 | 57 | 9.28 | 学生 | 22 | 3.58 |
| | 个体户 | 54 | 8.79 | 退休 | 12 | 1.95 |
| | 医生 | 2 | 0.33 | 无业 | 28 | 4.56 |
| | 公务员 | 13 | 2.12 | 其他 | 13 | 2.12 |
| 家庭人口数 | 1 人 | 4 | 0.65 | 5 人 | 159 | 25.90 |
| | 2 人 | 31 | 5.05 | 6 人 | 98 | 15.96 |
| | 3 人 | 69 | 11.24 | 7 人以上 | 61 | 9.93 |
| | 4 人 | 192 | 31.27 | | | |
| 家庭年平均收入 | 1000 元以下 | 5 | 0.81 | [8000，10000）元 | 32 | 5.21 |
| | [1000，2000）元 | 3 | 0.49 | [10000，20000）元 | 144 | 23.45 |
| | [2000，4000）元 | 5 | 0.81 | [20000，40000）元 | 240 | 39.09 |
| | [4000，6000）元 | 5 | 0.81 | [40000，60000）元 | 94 | 15.31 |
| | [6000，8000）元 | 13 | 2.12 | 60000 元以上 | 73 | 11.89 |
| 收入主要来源 | 农业 | 31 | 5.05 | 营业 | 56 | 9.12 |
| | 林业 | 4 | 0.65 | 打工 | 478 | 77.85 |
| | 养殖业 | 1 | 0.16 | 其他 | 44 | 7.17 |

# 三、样本数据分析

## （一）样本的统计性描述

对 614 份问卷的 23 个问题进行统计性描述，结果如表 6-4 所示。通过表 6-4 可知，各个问题得到的均值都相对较高，均值最小的选项为"水源区生态保护有补偿政策，可以得到补贴"，数值为 2.414，也就是说，大部分人没有得到生态保护的补贴；均值最大的选项为"生态保护能够实现青山绿水，带来愉快心情"，数值为 4.320，也就是说，大部分人都认为保护生态环境可以带来青山绿水和愉快心情。而从各选项的标准差可以看出，行为态度、主观范式、生态保护意愿和生态保护行为的选项差异性相对较小，其标准差在 0.5～0.7；而感知行为控制和生态补偿政策的选项异性相对较大，其标准差在 1 之上。

表 6-4　样本统计性描述

| 类别 | 变量 | 最小值 | 最大值 | 均值 | 标准差 | 样本量 |
|---|---|---|---|---|---|---|
| 行为态度 | $x_{11}$ | 2 | 5 | 4.020 | 0.532 | 614 |
| | $x_{12}$ | 2 | 5 | 4.320 | 0.567 | 614 |
| | $x_{13}$ | 1 | 5 | 3.028 | 0.709 | 614 |
| 主观范式 | $x_{21}$ | 2 | 5 | 3.894 | 0.552 | 614 |
| | $x_{22}$ | 3 | 5 | 3.899 | 0.532 | 614 |
| | $x_{23}$ | 1 | 5 | 3.837 | 0.584 | 614 |
| | $x_{24}$ | 1 | 5 | 3.762 | 0.589 | 614 |
| 感知行为控制 | $x_{31}$ | 1 | 5 | 2.414 | 1.092 | 614 |
| | $x_{32}$ | 1 | 5 | 2.642 | 1.108 | 614 |
| | $x_{33}$ | 1 | 5 | 2.709 | 1.047 | 614 |
| 生态补偿政策 | $x_{41}$ | 1 | 5 | 2.862 | 1.154 | 614 |
| | $x_{42}$ | 2 | 5 | 3.500 | 1.057 | 614 |
| | $x_{43}$ | 1 | 5 | 3.267 | 1.028 | 614 |
| | $x_{44}$ | 1 | 5 | 3.015 | 1.029 | 614 |
| 生态保护意愿 | $x_{51}$ | 2 | 5 | 3.953 | 0.605 | 614 |
| | $x_{52}$ | 2 | 5 | 3.723 | 0.698 | 614 |
| | $x_{53}$ | 2 | 5 | 3.886 | 0.556 | 614 |
| | $x_{54}$ | 2 | 5 | 3.821 | 0.568 | 614 |
| | $x_{55}$ | 1 | 5 | 3.655 | 0.569 | 614 |
| 生态保护行为 | $y_1$ | 2 | 5 | 3.689 | 0.583 | 614 |
| | $y_2$ | 2 | 5 | 3.836 | 0.652 | 614 |
| | $y_3$ | 2 | 5 | 3.704 | 0.641 | 614 |
| | $y_4$ | 3 | 5 | 3.637 | 0.684 | 614 |

## （二）样本信度和效度检验

为保证调研数据的质量，必须对调研数据进行信度检验，只有通过信度检验的数据才能进行下一步的实证分析。

### 1. 信度分析

信度指标的量化值称为信度系数，值越大表明测量数据的可信度越高。一般认知在 0.65 以下是不可信的，0.65~0.70 是最小可接受的；0.7~0.8 认为相当好；0.8~0.9 认为非常好。

关于国家重点生态功能区当地居民生态保护意愿和行为的调研问卷数据的信度检验，本书采用克朗巴哈 α 信度系数（Cronbach's α 值）和组合信度（CR）来检验。

克朗巴哈 α 信度系数的计算公式为：

$$\alpha = \frac{k}{k-1}\left(1 - \frac{\sum_{i=1}^{k} \mathrm{var}(i)}{\mathrm{var}}\right)$$

式中，$k$ 表示量表中评估项目的总数，var$(i)$ 为第 $i$ 个项目得分的表内方差，var 表示全部项目总得分的方差。这种方法非常适用于态度、意见式问卷的信度检验。

组合信度的计算公式为：

$$CR = \frac{\left(\sum_{i=1}^{k} a_i\right)^2}{\left(\sum_{i=1}^{k} a_i\right)^2 + \sum_{i=1}^{k} \theta_i}$$

式中，$CR$ 表示组合信度；$a_i$ 为第 $i$ 个可观测变量的标准化因子载荷；$\theta_i$ 为第 $i$ 个可观测变量的残差方差。这也是一种常用的对于态度、意见式问卷的信度检验方法。

运用 SPSS 18.0 对国家重点生态功能区当地居民的调研问卷得到的 6 个潜变量及其 23 个可观测变量进行信度分析，结果如表 6-5 所示。可以看出，生态补偿政策的克朗巴哈 α 信度和组合信度系数分别为 0.792 和 0.795，其余五个潜变量的克朗巴哈 α 信度和组合信度系数都大于 0.8，可以认为本书调研问卷的数据信度是比较理想的。

### 2. 效度分析

效度分析是指对调研数据准确性的度量，只有数据检验的准确性达到一定的要求后，才能进行下一步实证研究，保证结果的有效性。问卷调查的最终目的就是要进行高效度的实证测量并得到有效的结论，效度越高表示调研测验的行为真实度越高，越能够达到问卷的设计目的。效度包括两个方面的含义：一是调研问卷设计的目的；二是问卷对既定目标的表达的精确度和真实性。

一般来讲，效度分析主要包括内容效度检验和结构效度检验两种。内容效度检验是分析通过调研问卷的数据能否反映真实状况，真实表达调研内容。内容效度检验属于命题的逻辑分析，所以也称为"逻辑效度""内在效度"。结构效度检验是指检验调研结果体现出来的某种结构与测量值之间的对应程度，可以分为聚合效度检验和区分效度检验。结构效度检验最理想的方法是利用因子分析法分析整个问卷的结构效度。

对于内容效度来说，本书设计的问卷相关问题是在参考其他学者研究成果的基础上，结合当地实际状况并咨询相关领域专家后选定的，并经过了预调研后再次修改得到的，具有一定的内容效度，这里不再进行内容效度检验。

采用因子分析法分析调研数据的结构效度，首先采用 KMO（Kaiser – Meyer – Olkin）方法和 Bartlett 球体检验法对调研数据是否适合采用因子分析法进行检验，通常来说，KMO 检验值越大，Bartlett 球体检验显著性水平越低，越适合进行因子分析，通过 SPSS 18.0 得到的结果表明，本书调研数据的 KMO 检验值为 0.871，而 Bartlett 球体检验值为 3269，显著性水平小于 0.001，因此，适合进行因子分析法。结构效度检验结果如表 6 – 5 和表 6 – 6 所示。

表 6 – 5　变量信度、效度及因子分析结果

| 潜变量 | 可观测变量 | 标准因子载荷 | 组合信度（CR） | 平均方差萃取（AVE） | Cronbach's α 值 |
|---|---|---|---|---|---|
| 行为态度 | $x_{11}$ | 0.697 | 0.876 | 0.644 | 0.812 |
| | $x_{12}$ | 0.802 | | | |
| | $x_{13}$ | 0.699 | | | |
| 主观范式 | $x_{21}$ | 0.669 | 0.910 | 0.751 | 0.815 |
| | $x_{22}$ | 0.796 | | | |
| | $x_{23}$ | 0.707 | | | |
| | $x_{24}$ | 0.650 | | | |

续表

| 潜变量 | 可观测变量 | 标准因子载荷 | 组合信度（CR） | 平均方差萃取（AVE） | Cronbach's α 值 |
|---|---|---|---|---|---|
| 感知行为控制 | $x_{31}$ | 0.706 | 0.851 | 0.609 | 0.850 |
| | $x_{32}$ | 0.741 | | | |
| | $x_{33}$ | 0.617 | | | |
| 生态补偿政策 | $x_{41}$ | 0.684 | 0.795 | 0.599 | 0.792 |
| | $x_{42}$ | 0.619 | | | |
| | $x_{43}$ | 0.627 | | | |
| | $x_{44}$ | 0.601 | | | |
| 生态保护意愿 | $x_{51}$ | 0.617 | 0.871 | 0.671 | 0.851 |
| | $x_{52}$ | 0.649 | | | |
| | $x_{53}$ | 0.593 | | | |
| | $x_{54}$ | 0.771 | | | |
| | $x_{55}$ | 0.549 | | | |
| 生态建设行为 | $y_1$ | 0.715 | 0.882 | 0.644 | 0.819 |
| | $y_2$ | 0.693 | | | |
| | $y_3$ | 0.740 | | | |
| | $y_4$ | 0.750 | | | |

表6-6　区别效度分析结果

| 潜变量 | 行为态度 | 主观范式 | 感知行为控制 | 生态补偿政策 | 生态保护意愿 | 生态建设行为 |
|---|---|---|---|---|---|---|
| 行为态度 | 0.803 | | | | | |
| 主观范式 | 0.782 | 0.867 | | | | |
| 感知行为控制 | 0.711 | 0.709 | 0.780 | | | |
| 生态补偿政策 | 0.675 | 0.683 | 0.671 | 0.774 | | |
| 生态保护意愿 | 0.541 | 0.679 | 0.560 | 0.519 | 0.819 | |
| 生态建设行为 | 0.362 | 0.551 | 0.573 | 0.554 | 0.633 | 0.803 |

　　由表6-5可知，调研数据对应的潜变量的标准化因子负荷都大于0.6，且显著性水平都小于0.001，显示了良好的聚合效度，所有可观测变量的标准载荷因子取值都在0.6~0.9，并且显著性水平均小于0.001。此外，所有潜变量的平均方差都大于0.7，这表明测度指标能够解释大部分方差。由表6-6可知，每个潜

变量的平均方差萃取（AVE）的平方根都大于变量间的相关系数，通过了区别效度检验。因此，总体上来说本书的调研数据具有较好的信度和效度，能够进行下面的分析。

# 四、结构方程模型构建及分析

## （一）结构方程模型

结构方程模型能够将因子分析法和路径分析法融为一体，不仅能够有效地避免测量误差，还能够分析各变量之间的关系，得到变量间相互影响的直接效果、间接效果和总效果。结构方程模型包含了测量和结构两个模型，可观测变量与潜变量之间的相互关系由测量模型表示，潜变量与潜变量之间的关系由结构模型表示。构建前文的分析，本书的结构方程模型和测量方程模型分别表示为：

结构模型：

$$x_5 = \alpha_1 x_1 + \alpha_2 x_2 + \alpha_3 x_3 + \alpha_4 x_4 + \mu_1 + \mu_2 + \mu_3 + \mu_4$$

$$y = \alpha_5 x_4 + \alpha_6 x_5 + \mu_5 + \mu_6$$

式中，$x_1$、$x_2$、…、$x_5$、$y$ 分别表示国家重点生态功能区当地居民的生态保护行为态度、生态保护主观规范、生态保护感知行为控制、生态补偿政策、生态保护意愿以及生态保护行为；$\alpha_1$、$\alpha_2$、…、$\alpha_5$、$\alpha_6$ 分别表示各潜变量之间的路径系数；$\mu_1$、$\mu_2$、…、$\mu_5$、$\mu_6$ 分别表示6个潜变量的残差。

测量模型：

$$x_{1i} = \beta_j x_{1i} x_1 + e_j, \ i=1,\ 2,\ 3,\ j=1,\ 2,\ 3$$

$$x_{2i} = \beta_j x_{2i} x_2 + e_j, \ i=1,\ 2,\ 3,\ 4,\ j=4,\ 5,\ 6,\ 7$$

$$x_{3i} = \beta_j x_{3i} x_3 + e_j, \ i=1,\ 2,\ 3,\ j=8,\ 9,\ 10$$

$$x_{4i} = \beta_j x_{4i} x_4 + e_j, \ i=1,\ 2,\ 3,\ 4,\ j=11,\ 12,\ 13,\ 14$$

$$x_{5i} = \beta_j x_{5i} x_5 + e_j, \ i=1,\ 2,\ 3,\ 4,\ 5,\ j=15,\ 16,\ 17,\ 18,\ 19$$

$$y_i = \beta_j y_i y + e_j, \ i=1,\ 2,\ 3,\ 4,\ j=20,\ 21,\ 22,\ 23$$

式中，$x_{1i}$、$x_{2i}$、$x_{3i}$、$x_{4i}$、$x_{5i}$、$y_i$ 表示相应潜变量的观测变量；$\beta_j$（$j=1$，2，…,22，23）表示23个可观测变量的载荷系数；$e_j$（$j=1$，2，…，22，23）

表示 23 个可观测变量的残差。

进而设定的潜变量间以及潜变量和可观测变量间的关系路径如图 6-4 所示。

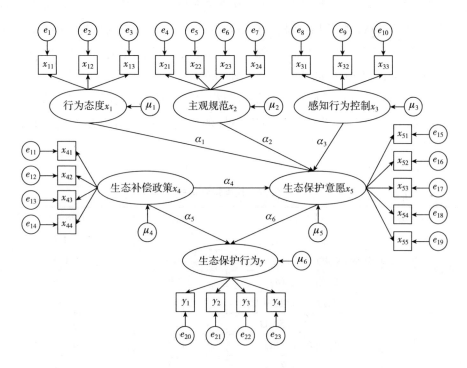

图 6-4　结构方程模型路径

### （二）模型拟合优度评价

在采用最大似然估计法对结构方程参数进行估计之前，首先要对样本数据的拟合优度进行检验。参考吴明隆的方法和思想[346]，对国家重点生态功能区当地居民生态保护意愿和行为的结构方程拟合优度进行评价。吴明隆认为用于评价结构方程拟合优度的最常用指数为绝对拟合指数、相对拟合指数和信息指数。

卡方自由度比（$\chi^2/df$）、渐进残差均方和平方根（RMSEA）、适配度指数（GFI）和调整后适配度指数（AGFI）四个指标是绝对拟合指数常用的方法。具体来说，当 $\chi^2/df < 2$ 时，该模型适配度极佳；模型的 RMSEA 小于 0.08 表明匹配度处于合理水平之上，小于 0.05 表明匹配度非常好；GFI 大于 0.9 表明样本数据与模型适配度较好；AGFI 越接近 1 表明模型越好，一般认为大于 0.9 就可判定

样本数据与模型适配度较好。非规准适配指数（TLI）、比较适配指数（CFI）和增值适配指数（IFI）是相对拟合指数常选指标。这 3 个指标值都是越接近于 1 表示模型适配度越好，一般认为大于 0.9 就说明模型拟合很好。Akaike 讯息效标（AIC）和调整的 Akaike 讯息效标（CAIC）是信息指数常用的指标，模型的 AIC 和 CAIC 越小越具有高契合度，二者的评价标准是理论模型的 AIC 值和 CAIC 值小于独立模型和饱和模型的 AIC 值和 CAIC 值①。

运用 AMOS 17.0 统计软件对结构方程模型进行检测，结果表明各指标均达到了理想状态，本书所设定模型具有很好的拟合优度。结构方程检验结果如表 6 - 7 所示。

表 6 - 7　模型拟合指标

| 拟合指标 | 具体指标 | 建议值 | 模型估计 |
|---|---|---|---|
| 绝对拟合指数 | 卡方自由度比值 $\chi^2/df$ | <2 | 1.431 |
| | 渐进残差均方和平方根 RMSEA | <0.05 | 0.014 |
| | 适配度指数 GFI | >0.9 | 0.975 |
| | 调整后适配度指数 AGFI | >0.9 | 0.940 |
| 相对拟合指数 | 非规准适配指数 TLI | >0.9 | 0.931 |
| | 比较适配指数 CFI | >0.9 | 0.977 |
| | 增值适配指数 IFI | >0.9 | 0.964 |
| 信息指数 | Akaike 讯息效标 AIC | 理论模型同时小于独立模型和饱和模型 | 605.40 < 745.09 |
| | | | 605.40 < 1415.91 |
| | 调整的 Akaike 讯息效标 CAIC | | 989.71 < 1768.087 |
| | | | 989.71 < 1327.151 |

注：各检验指标的建议值来源于吴明隆（2009）。

（三）参数检验

表 6 - 8 给出了测量方程的拟合结果，测量方程的因子载荷估计值都在 10% 的水平上通过显著性检验，且可观测变量 C. R 值都大于 2，可以认为潜变量和可观测变量间的载荷系数估计通过显著性检验。

---

① 对相关指标的具体分析详见吴明隆的《结构方程模型——AMOS 的操作与应用》。

表 6 – 8　测量方程拟合指标结果

| 可观测变量 | 载荷系数 | 潜变量 | 标准化载荷系数 | C. R. /t 值 |
|---|---|---|---|---|
| $x_{11}$ | $\beta_1 \leftarrow$ | 行为态度 | 0.629 *** | |
| $x_{12}$ | $\beta_2 \leftarrow$ | 行为态度 | 0.753 ** | 2.417 |
| $x_{13}$ | $\beta_3 \leftarrow$ | 行为态度 | 0.514 *** | 7.596 |
| $x_{21}$ | $\beta_4 \leftarrow$ | 主观范式 | 0.605 *** | |
| $x_{22}$ | $\beta_5 \leftarrow$ | 主观范式 | 0.406 *** | 8.662 |
| $x_{23}$ | $\beta_6 \leftarrow$ | 主观范式 | 0.274 *** | 6.462 |
| $x_{24}$ | $\beta_7 \leftarrow$ | 主观范式 | 0.322 ** | 2.674 |
| $x_{31}$ | $\beta_8 \leftarrow$ | 感知行为控制 | 0.639 *** | |
| $x_{32}$ | $\beta_9 \leftarrow$ | 感知行为控制 | 0.791 *** | 8.660 |
| $x_{33}$ | $\beta_{10} \leftarrow$ | 感知行为控制 | 0.534 *** | 6.731 |
| $x_{41}$ | $\beta_{11} \leftarrow$ | 生态补偿政策 | 0.363 *** | |
| $x_{42}$ | $\beta_{12} \leftarrow$ | 生态补偿政策 | 0.743 *** | 8.641 |
| $x_{43}$ | $\beta_{13} \leftarrow$ | 生态补偿政策 | 0.558 ** | 2.367 |
| $x_{44}$ | $\beta_{14} \leftarrow$ | 生态补偿政策 | 0.263 *** | 8.427 |
| $x_{51}$ | $\beta_{15} \leftarrow$ | 生态保护意愿 | 0.724 *** | |
| $x_{52}$ | $\beta_{16} \leftarrow$ | 生态保护意愿 | 0.421 *** | 6.181 |
| $x_{53}$ | $\beta_{17} \leftarrow$ | 生态保护意愿 | 0.246 ** | 2.172 |
| $x_{54}$ | $\beta_{18} \leftarrow$ | 生态保护意愿 | 0.354 *** | 8.259 |
| $x_{55}$ | $\beta_{19} \leftarrow$ | 生态保护意愿 | 0.602 * | 2.104 |
| $y_1$ | $\beta_{20} \leftarrow$ | 生态建设行为 | 0.855 *** | |
| $y_2$ | $\beta_{21} \leftarrow$ | 生态建设行为 | 0.342 *** | 5.258 |
| $y_3$ | $\beta_{22} \leftarrow$ | 生态建设行为 | 0.537 *** | 7.042 |
| $y_4$ | $\beta_{23} \leftarrow$ | 生态建设行为 | 0.458 *** | 7.103 |

注：＊＊＊、＊＊和＊分别表示在1%、5%和10%的显著水平下通过显著性检验。

通过表 6 – 8 可得，行为态度的 3 个可观测变量 $x_{11}$、$x_{12}$、$x_{13}$ 的标准化因子载荷为 0.629、0.753 和 0.514，即当地居民对待政策的态度、能否带来身心愉悦和居民收入能增加国家重点生态功能区当地居民生态保护意愿。主观规范的 4 个可观测变量 $x_{21}$、$x_{22}$、$x_{23}$ 和 $x_{24}$ 的标准化因子载荷为 0.605、0.406、0.274 和 0.322，这表明当地居民的生态保护意愿在很大程度上会受到政府、家人、邻居和亲戚朋友的正向影响。感知行为控制的 3 个可观测变量 $x_{31}$、$x_{32}$、$x_{33}$ 的标准化因子载荷分别为 0.639、0.791 和 0.534，即国家重点生态功能区当地居民的补偿收入状况、参与能力以及风险承受能力对其感知行为控制同样能够正向影响当地居民的生态保护和建设意愿。生态补偿政策的 4 个可观测变量 $x_{41}$、$x_{42}$、$x_{43}$ 和 $x_{44}$ 的标准化因子载荷分别为 0.363、0.743、0.558 和 0.263，表明生态补偿政策相关信息透明度、政府采用生产成本方法来发放补助、地方政府检查生态保护状况以及政府给予生态保护后续的技术指导四个变量对生态补偿政策贡献度较大，且都能够正向影响国家重点生态功能区当地居民的生态保护意愿。生态建设意愿的 5 个可观测变量 $x_{51}$、$x_{52}$、$x_{53}$、$x_{54}$ 和 $x_{55}$ 的标准化因子载荷分别为 0.724、0.421、0.246、0.354 和 0.602，即保护生态环境意愿，没有生态补偿条件下保护生态环境的意愿，生态保护合意性，生态保护对家庭生活、生产的重要性以及建议周围人一起保护生态环境这五个指标同样对国家重点生态功能区当地居民生态保护意愿产生正向影响，并且对生态保护行为产生正向影响。生态保护行为的 4 个可观测变量 $y_1$、$y_2$、$y_3$ 和 $y_4$ 的标准化因子载荷分别为 0.855、0.342、0.537 和 0.458，可知维护生态保护后种植的树木、自觉处理垃圾、规劝周边他人自觉处理垃圾以及学习相关的生态保护技术能够提高国家重点生态功能区当地居民的生态保护行为的积极性。通过上述分析可知，本书调研问卷的问题在一定程度上可以较好地测度当地居民的生态保护意愿和行为。

同样采用 AMOS 17.0 分析软件对结构方程进行拟合分析，该软件直接得到的路径系数是非标准化的，而未经过标准化的路径系数不能直接进行比较分析，因此要对这些路径系数进行标准化处理。结构方程的标准化路径系数和拟合结果如表 6 - 9 所示。这里可根据表 6 - 9 对前文提出的 6 个命题进行验证。

表 6 - 9　结构方程模型拟合指标结果

| 潜变量 | 路径系数 | 潜变量 | 标准化路径系数 | C. R. /t 值 | 假设检验 |
|---|---|---|---|---|---|
| $x_5$ | $\alpha_1 \leftarrow$ | 行为态度 | 0.342 *** | 3.630 | 支持 |
| $x_5$ | $\alpha_2 \leftarrow$ | 主观范式 | 0.184 *** | 4.311 | 支持 |
| $x_5$ | $\alpha_3 \leftarrow$ | 感知行为控制 | 0.305 ** | 2.469 | 支持 |
| $x_5$ | $\alpha_4 \leftarrow$ | 生态补偿政策 | 0.178 * | 2.103 | 支持 |
| $y$ | $\alpha_5 \leftarrow$ | 生态补偿政策 | 0.121 * | 2.251 | 支持 |
| $y$ | $\alpha_6 \leftarrow$ | 生态保护意愿 | 0.441 *** | 7.557 | 支持 |

注：***、** 和 * 分别表示在 1%、5% 和 10% 的显著水平下通过显著性检验。

由拟合结果可以得到以下结构方程表达式，路径分析如图 6 – 5 所示：

$$x_5 = 0.342x_1 + 0.184x_2 + 0.305x_3 + 0.178x_4$$

$$y = 0.121x_4 + 0.441x_5$$

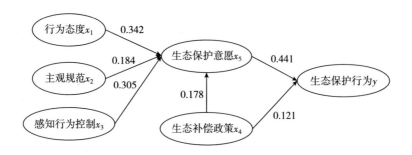

**图 6 – 5　结构方程路径分析**

由表 6 – 9 和图 6 – 5 的模型路径系数可以发现，当地居民行为态度、主观规范和感知行为控制对生态保护意愿的影响路径系数在 5% 的显著性水平下通过检验，其系数值 $\alpha_1$、$\alpha_2$ 和 $\alpha_3$ 分别为 0.342、0.184 和 0.305，即这三个潜变量都对当地居民的生态保护意愿产生了正向的促进作用，因此命题 H1、H2、H3 得证。政府生态补偿政策对当地居民生态保护意愿的影响路径系数在 10% 的水平下通过显著性检验，系数值 $\alpha_4$ 为 0.178，即生态补偿政策对当地居民的生态保护意愿产生正向的促进作用，命题 H5 得证。居民的生态保护意愿和政府的生态补偿政策对居民生态保护行为的影响路径系数在 10% 的条件下通过显著性检验，其路径系数值 $\alpha_6$ 和 $\alpha_5$ 分别为 0.441 和 0.121，即这两个潜变量对当地居民的生态保护行为产生正向的促进作用，因此命题 H4 和 H6 得证。

### （四）模型效应分析

路径系数表示了结构方程中潜变量间的相互影响关系，为了更深入探讨潜变量间的关系，还可以通过各潜变量间的直接效应、间接效应和总效应来进一步分析作用效果。具体来说，原因变量到结果变量的路径系数表示直接效应，当模型中有中介变量时也会有间接效应，可以用影响区间内两路径系数的乘积来衡量间接影响；总效应就是直接效应与间接效应之和。各效应的标准化的系数如表 6 – 10 所示。

表 6 – 10　不同变量对生态保护意愿及行为的影响效应

| 变量 | 生态保护意愿 | | | 生态保护行为 | | |
|---|---|---|---|---|---|---|
| | 直接效应 | 间接效应 | 总效应 | 直接效应 | 间接效应 | 总效应 |
| 行为态度 | 0.342 | | 0.342 | | 0.151 | 0.151 |
| 主观规范 | 0.184 | | 0.184 | | 0.081 | 0.081 |
| 感知行为控制 | 0.305 | | 0.305 | | 0.135 | 0.135 |
| 生态补偿政策 | 0.178 | | 0.178 | 0.121 | 0.078 | 0.199 |
| 生态保护意愿 | | | | 0.441 | | 0.441 |

由表 6 – 10 可知，国家重点生态功能区当地居民的行为态度、主观规范和感知行为控制对生态保护意愿的直接效应分别为 0.342、0.184 和 0.305，没有间接效应；三者对生态保护行为的间接效应分别为 0.151、0.081 和 0.135，没有直接影响。生态保护意愿对生态保护行为的直接效应为 0.441，没有间接效应。生态补偿政策对居民的生态保护意愿和行为的直接效应分别为 0.178 和 0.121，对其生态保护行为的间接效应为 0.078，因此，生态补偿政策对生态保护行为的总效应为 0.199。通过分析可知，生态补偿政策的实施即能够直接增加当地居民的生态保护行为，也能够在一定程度上通过提高当地居民的生态保护意愿间接增加当地居民的生态保护行为。生态保护意愿作为模型的中介变量，对增加当地居民生态保护行为的总效应为 0.441，影响效应最大，对生态保护行为的影响都是最重要的，当地居民的生态保护行为在很大程度上取决于生态保护意愿。

# 五、本章主要结论及政策建议

## （一）主要结论

本书全面系统地分析了国家重点生态功能区当地居民的生态保护意愿、政府的生态补偿政策对生态保护行为的激励效应，分析了居民的行为态度、主观规范、感知行为控制等心理变量和生态补偿政策对生态保护意愿和行为的影响以及生态保护意愿对生态保护行为的影响，得出以下结论：

（1）心理因素对生态保护意愿和生态保护行为均有显著正向效应。

国家重点生态功能区当地居民的行为态度、主观规范和感知行为控制等心理因素对其生态保护意愿有显著的正向影响，生态保护意愿对生态保护行为也有显著的正向影响。实证结果表明，三个心理变量对生态保护意愿的影响系数分别为0.342、0.184 和0.305，并且能在较大程度上通过中介变量生态保护意愿间接影响居民的生态保护行为，间接影响系数分别为 0.151、0.081 和 0.135，也就是说，当地居民的心理变量可以通过生态保护意愿在很大程度上转化为行为。因此，要从根本上转变居民的行为态度，使其认为生态保护能带来较大收益，促使其产生积极的态度；要影响居民的主观规范，使其更多地受到来自周围重要人物和团体组织的积极影响；增强居民的感知行为控制，让其主观上感觉到完成生态保护较为容易，并增强这种主观认知。

（2）生态补偿政策对居民生态保护行为具有促进效应。

实证结果表明，生态补偿政策对国家重点生态功能区当地居民的生态保护意愿直接影响为0.178，对当地居民的生态保护行为直接影响为0.121，通过生态保护意愿中介变量的间接影响为0.078。这表明生态补偿政策不仅能直接有效地激励居民参与生态保护，还可以通过正向影响生态保护意愿发挥其间接的激励效应。但是生态补偿政策对生态保护意愿和行为的影响系数都较小且其显著性检验只在10%的水平下通过，说明生态补偿政策的激励效应未得到充分发挥，还有进一步挖掘的空间。

（3）生态保护意愿对生态保护行为具有重要促进作用。

国家重点生态功能区当地居民的生态保护意愿对生态保护行为的影响系数为0.441，这充分说明，生态保护意愿对生态保护行为的重要性，而且生态保护意愿作为中介变量也对心理变量和生态补偿政策间接效应的发挥起到了重要作用，要充分发挥心理变量和生态补偿政策对生态保护行为的间接效应也必须重视生态保护意愿因素。

**（二）政策建议**

为了提高国家重点生态功能区当地居民的生态保护行为，巩固和扩大生态保护的成果，可以从以下方面激励当地居民的生态保护意愿，增加生态保护行为：

首先，通过转变政策和改善当地居民收入等措施增强其行为态度。

一是改变居民对国家政策的传统看法，不能让当地居民只是被动接受现行政策，而是主动自觉地遵守和执行现有政策，如果居民感觉到执行的只是国家政策而与自身无关，那么就难免会产生消极态度甚至会有抵触行为。二是提高当地居民的收入水平，当下国家重点生态功能区得到居民的收入水平还不高，居民只有获得切实稳定的收益才有可能投入劳力从事生态保护；在保证居民有对经济收益稳定预期的同时提升其参与生态保护的价值感。

其次，通过相关人物的影响增强当地居民生态保护的主观规范。

国家重点生态功能区当地居民在决策过程中会受到政府部门、家人和邻居以及亲戚朋友的影响，因此在影响居民主观规范方面，可以通过政府的宣传和引导，让周围重要的人物和组织对其决策产生重要的积极影响，使居民从可能的盲目跟风性决策向理性决策回归。

再次，提高当地居民保护生态环境的收益以增强其感知行为控制。

现阶段国家重点生态功能区居民的收入水平并不高，造成了农民风险承受能力较低，从而认为自身参与生态保护的能力不够，这固然与我国现阶段的国情有较大关系。因此，在逐步改善居民收入水平的同时，要让居民感觉参与生态保护有利可图，从而增强其对生态补偿的收益性感知对增加其生态保护行为有重要作用。

最后，制定合理的生态补偿政策，积极引导当地居民的生态保护行为。

生态补偿政策不仅能发挥对生态保护行为的直接效应，还可以通过生态保护意愿发挥间接激励效应，但直接效应和间接效应都较小，这说明现有的生态补偿政策还有很大的提升空间。笔者在访谈过程中发现，政府相关部门几乎很少对居民的生态保护结果进行检查，这实际上很可能会向居民传递一种不好的信息，而政府的这种不作为就会直接导致居民在生态保护的过程中产生消极甚至无所谓的态度，长此以往，将造成无人参与生态保护的严重后果。因此，政府相关部门应对居民生态保护行为定期检查或不定期抽查，打破居民的消极预期；政府甚至可以建立评价机制，对生态保护执行较好的居民给予奖励，以激励居民参与生态保护的积极性；政府部门还应制定和实施帮助当地居民进行农业生产的政策，以促使居民积极参与生态保护。

# 六、小结

目前国内学者对居民的生态保护意愿或行为给予了一定的关注，但都只是单独地研究一方面的内容，没有基于某一理论系统地研究居民的行为是受到哪些因素的影响，在研究居民行为时也没有将其意愿纳入统一框架当中，导致整个研究存在残缺。

本章首先梳理了计划行为理论的观点和应用，在此基础上构建研究国家重点生态功能区当地居民生态保护意愿和行为的理论模型。其次，提出了关于居民生态保护行为态度、主观规范、感知行为控制、生态补偿政策、生态保护意愿以及生态保护行为的六个命题。再次，采用结构方程模型对假设进行了验证，结果表明居民生态保护行为态度、主观规范和感知行为控制都能够直接提高居民的生态保护意愿，生态保护政策能够提高生态保护意愿和行为，生态保护意愿也能促进生态保护行为，关于这些变量的六个命题都是成立的。最后，根据分析提出了从居民视角建立健全国家重点生态功能区转移支付激励机制的政策建议。

# 第七章　研究结论与展望

## 一、研究结论

本书从静态到动态、从单目标到双目标、从政府到农户等方面层层深入，构建了研究国家重点生态功能区转移支付生态补偿激效应的理论分析框架。我国国家重点生态功能区生态补偿转移支付的特殊性，决定中央政府对国家重点生态功能区的生态补偿转移支付必须既考虑对地方政府的激励又考虑对当地居民的激励。首先，通过扩展的委托—代理模型，构建了中央政府和县级政府之间的静态和动态激励契约，在静态条件下分析了完全信息和不对称信息两种状况的激励机制的差异，并考察了信息不对称状况对激励机制的影响，又在动态条件下分析了生态补偿的长效激励机制，并考察了县级政府在财政收入以及保护能力等方面的异质性对激励机制的影响。其次，运用羊群效应模型分析了生态补偿政策对当地居民保护意愿和行为的影响，考察了政府生态补偿政策对当地居民的激励机制。最后，在统一逻辑框架下对国家重点生态功能区转移支付激励机制进行了实证研究。通过理论分析和实证研究，主要得到以下结论：

（1）当中央政府与县级政府在生态保护行为、资源价值等信息方面存在不对称时，中央政府需要支付给县级政府一定的信息租金。

中央政府提供的国家重点生态功能区转移支付最优规模和信息租金、县级政府所在地的资源价值类别以及县级政府的生态保护努力三者密切相关。本书对县级政府隐藏当地资源价值类别信息（隐藏信息）、隐藏生态环境保护行为能力（隐藏行为）和资源价值类别与生态环境保护行为信息都隐藏（双重隐藏）三种情况下中央政府提供最优生态补偿转移支付的形式和金额进行了理论探讨和数值模拟，研究发现：第一，在双重隐藏状况下，国家重点生态功能区内高价值类别资源的信息租金会随着其保护成本的上升而上升，随着低价值类别资源保护成本的上升而下降；随着县级政府为高价值类别资源提供低保护努力产出的生态效益增加而增加，随着提供给低价值类别资源低保护努力产出的生态效益增加而减少。第二，在双重隐藏信息状况下，不同价值类别资源的保护成本差别越大，县级政府获取高价值类别资源的信息租金越大，转移支付也越大。第三，最优的转移支付取决于高价值类别资源的比例，高价值类别资源所占比例越大，所需的转移支付越大，但信息附加值却呈现递减趋势。第四，契约选择与保护努力信息和资源价值类别信息的相对重要性有关，中央政府可以通过信息不对称状况激励约束县级政府的资源保护行为。

（2）国家重点生态功能区转移支付的长效激励机制有利于提高生态效益产出，同时县级政府的财政收入水平和生态保护能力也对长效激励的发挥产生了重要影响。

本书以陕西省国家重点生态功能区转移支付为例，研究了生态环境效益产出与国家重点生态功能区转移支付、县级政府财政收入水平以及县级政府生态保护能力三者之间的关系，结果表明：第一，国家重点生态功能区转移支付对生态环境质量改善起到了重要的作用，是抑制生态环境质量恶化、促进生态环境逐渐转好的重要因素；县级政府财政收入水平增加在抵消转移支付的激励效应的同时，也会促使县级政府自觉提高生态环境保护努力，并且后者效应大于前者；基期的生态环境状况同样对质量提高发挥了不可或缺的促进作用，建立长效的激励机制成为必然选择。第二，财政收入水平高的县级政府更愿意保护生态环境，提高生态环境效益产出，因此，应提高各个县级政府的财政收入水平，国家重点生态功能区属于禁止开发区和限制开发区，当地政府很难通过大规模的城镇化和工业化增加财政收入，而其他地区特别是优先开发和重点开发地区一直在无偿享受这些区域提供的生态环境产品，其理应为此支付补偿。第三，考虑生态保护能力异质性因素有利于充分发挥生态补偿转移支付激励效应。尽管还有其他因素造成转移支付效果未能达到预期目标，但忽视县级政府生态保护能力异质性的转移支付政策是主要原因之一。

（3）国家重点生态功能区当地居民的心理因素、生态补偿政策等都对生态保护意愿和行为产生显著的正效应；生态保护意愿对生态保护行为也会产生显著的正向影响。

首先，国家重点生态功能区当地居民的行为态度、主观规范和感知行为控制可以通过其意愿在很大程度上转化为行为，因此，要从根本上转变农户的行为态度，使其认为生态保护能为自身带来较大综合收益，促使其产生较为积极的态度；要影响居民的主观规范，使其在决定是否进行生态保护活动时受到来自周围重要人物和团体组织的积极影响；增强居民的感知行为控制，让其主观上感觉到完成生态保护相对容易并能够获得收益，并增强这种主观认知。其次，生态补偿政策不仅能直接有效地激励居民参与生态保护，还可以通过正向影响生态保护意愿发挥其间接的激励效果。但是生态补偿政策对生态保护意愿和行为的影响系数都较小且其显著性检验只在10%的水平下通过，这也说明生态补偿政策的激励效应未充分发挥，还有进一步挖掘的空间。最后，国家重点生态功能区当地居民的生态保护意愿对其生态保护行为的产生起到了至关重要的作用，要让居民从事生态保护活动，就必须从主观上转变居民的行为态度，影响其主观规范；增强对生态保护的感知控制，通过促进居民意愿从而最终使其产生生态保护行为，激励居民参与生态保护活动。

# 二、政策建议

根据本书的理论分析和实证检验，对完善我国国家重点生态功能区转移支付的生态保护激励机制提出以下政策建议：

（1）改变县级政府片面追求 GDP 增长的政绩考核制度，明确县级政府社会福利包含经济增长和生态环境保护两部分，并逐步提高生态环境保护的比重。

改变片面追求 GDP 的政绩考核制度，增加环境保护在政绩考核中的比重，构建能够反映生态环境保护要求的绿色 GDP 的政绩考核制度，将生态效益产出状况、生态环境保护状况、资源消耗、环境损害纳入经济社会发展评价体系和政绩考核体系，特别是国家重点生态功能区所在地方政府的政绩考核中，根据不同区域主体功能定位，实行差异化绩效评价考核。这样可以平衡地方政府在生态保护和经济增长之间的倾向，增强地方政府环境保护的积极性。

（2）中央政府应加大对地方政府生态环境保护行为和当地生态环境状况的

监测，降低双方的信息不对称程度，提高生态补偿转移支付的效率。

信息不对称是影响国家重点生态功能区转移支付激励机制充分发挥其应有效应的最大因素，只有充分降低中央政府和县级政府之间的信息不对称状况，以便中央政府准确掌握县级政府的生态保护行为，才能充分发挥转移支付的激励效应，激励县级政府提高生态保护努力程度。具体来说，一是中央政府可以凭借其政治主导地位强制要求地方政府对本地区的生态资源状况提交普查统计报告，并对当年的生态环境变化状况进行分析，推测县级政府的生态保护能力水平，提高中央政府对地方资源环境和地方政府保护能力真实信息的掌握程度，根据地方政府的生态保护状况提供最优的转移支付政策。二是加大对县级政府的监督检查力度，定期或者不定期地对部分县级政府的生态保护行为及生态环境状况进行抽查，督促县级政府保护生态环境，严防触碰生态环境破坏的高压线。三是激励当地公众参与生态环境保护的监督。把国家重点生态功能区的利益相关者制衡机制纳入生态补偿转移支付制度之中，一方面逐渐提高当地居民生态环境保护和监督的决策地位，使其监督建议及部分决策的权力得以制度化，逐渐提高其参与程度；另一方面也要增加物质激励，政府可以成立专门的生态保护激励基金，对积极参与生态保护共同治理的社会公众给予物质奖励，并在其他可能获得私人利益的项目和工作方面给予优先考虑。四是提升生态环境质量监测技术，对县级政府监测和考察的增加必然会导致中央政府生态环境保护成本的提高，此时考虑其他外生政策以降低该监测和考核成本，提高监管和考核技术水平成为必要措施。

（3）转移支付金额的确定应与地方政府提供的生态效益和信息不对称状况直接挂钩，根据不同区域的主体功能定位，实现差异化的绩效考评机制。

中央政府应依据地方政府保护努力水平和国家重点生态功能区资源状况的信息结构设计转移支付契约，根据可获得的地方政府行为和保护区生态效益提供的信息来确定生态补偿金额，改变现有的依据财政缺口来确定国家重点生态功能区转移支付水平的方式，兼顾转移支付的效率和公平。结合本书的分析，笔者认为中央政府应根据信息的可获得性制定生态补偿转移支付的标准，当中央政府能够获得国家重点生态功能区内生态资源价值类别信息时，生态补偿转移支付标准应根据生态资源价值类别进行确定；当中央政府能够获得县级政府的生态保护能力信息时，则应根据生态保护能力信息制定生态补偿转移支付标准；当中央政府对这两方面的信息都不了解时，只能根据生态环境效应产出来确定生态补偿转移支付标准。

（4）增加对重点生态功能区转移支付，完善国家重点生态功能区生态保护成效与资金分配挂钩的激励机制。

国家重点生态功能区转移支付和前一期的生态环境质量对生态效益产出具有显著的促进作用，因此中央政府激励县级政府生态保护行为可以从以下两方面入手。一方面，继续加大对国家重点生态功能区所在县级政府的转移支付水平，激励县级政府生态保护的积极性，但对于不同保护能力的县级政府应制定差异化的转移支付激励机制，对于低保护能力的县级政府来说，可以加大其固定转移支付，降低激励性转移支付。另一方面，注重国家重点生态功能区转移支付的长效激励机制，如可以结合前几期和当期的生态环境效益综合考虑转移支付额，也可以采用分批下拨的方式将转移支付拨付给县级政府，使县级政府要获得相应的转移支付既要关注当期的生态环境效益，也要关注后期的生态环境效益，保证县级政府生态环境保护的持久性，促进生态环境的永续发展。

（5）扩大中央政府的一般性财政转移支付和受益地区的横向财政转移支付，增加国家重点生态功能区所在县级政府财政收入。

国家重点生态功能区内的资源禀赋现状和地理位置因素决定了其经济发展的落后，因此县级政府的财政收入水平有限，而国家重点生态功能区生态环境保护和建设目标又进一步限制了当地的经济增长，同时使其面临生态环境保护成本增加和机会成本损失的双重压力。基于此，一方面，中央政府应继续加大对国家重点生态功能区所在县级政府的一般性和专项的财政转移支付，提高其基本的财政收入水平，保证财政支出能力。另一方面，东部发达地区在进行大规模工业化和城镇化开发的同时也无偿享受了国家重点生态功能区生态环境保护和建设提供的生态环境效益，因此前者向后者提高横向生态环境保护和建设的财政转移支付也是应有之义，当然，东部地区除向国家重点生态功能区所在县级政府提供资金支持外，还应在技术、人力交流方面提供便利，促进这些地区自身的发展能力。

（6）通过影响国家重点生态功能区当地居民的心理变量，提高生态保护意愿和行为。

一是加强舆论引导，改变居民对国家政策的传统看法，使其从被动接受现行政策到主动遵守和执行现行政策。二是增加当地居民的收入水平，居民只有获得切实稳定的收益才有可能投入劳力从事生态保护，提升其参与生态保护的价值感，可以建立以绿色生态为导向的农业补贴制度，采取政府购买服务等多种扶持措施，培育发展各种形式的生态环境源污染治理、污水垃圾处理市场主体。三是通过相关人物的影响以增强国家重点生态功能区当地居民生态保护的主观规范。通过政府的宣传和引导，让周围重要的人物和组织对其决策产生重要的积极影响。四是树立自然价值和自然资本的理念。自然生态是有价值的，保护自然就是增加自然价值和自然资本的过程，就是保护和发展生产力，就应得到合理回报和经济补偿，让居民感觉参与生态保护有利可图，从而增强其对生态补偿的收益性感知对促使其产生生态保护行为有较大促进作用。五是制定更为合理的生态补偿政策，积极引导国家重点生态功能区当地居民进行后续生产。生态补偿政策不仅对居民生态保护行为有直接效应，也可以通过生态保护意愿发挥间接激励效应，政府部门应对居民生态保护做定期检查或不定期抽查，从而打破居民的消极预期；还可以按照居民生态保护情况发放补贴款，甚至可以建立评价机制，对生态保护执行较好的居民给予奖励，以此激励居民积极参与生态保护。

此外，中央政府还可以通过鼓励地方政府之间相互交流和学习，通过交流引进先进的经验和技术来共同提高生态保护能力。

# 三、本书的创新点

本书对国家重点生态功能区转移支付的生态补偿激励机制进行了理论分析和实证研究，与已有的研究成果相比，本书主要创新性成果主要体现在三个方面：

第一，构建了国家重点生态功能区当地政府和居民双重主体的生态补偿转移支付激励机制的理论分析框架。国外关于生态补偿转移支付的讨论更多地集中在巴西、德国、葡萄牙等国生态补偿转移支付（生态税）的制度分析和效果检验方面，关于生态补偿激励机制的研究集中在市场交易中；国内生态补偿研究集中在制度和政策分析和框架设计方面，缺乏实施机制的研究，激励机制的研究也处于起步阶段，主要是对中央政府和地方政府的行为选择进行描述或者运用基本的委托—代理模型进行讨论，缺乏更加严密和深入的分析。同时，国内外研究文献多数是静态分析，缺乏动态视角下长效激励机制的设计。国家重点生态功能区生态补偿转移支付的特殊性，决定中央政府对国家重点生态功能区的生态补偿转移支付既考虑对地方政府的激励又考虑对当地居民的激励。本书首先通过扩展的委托—代理模型，构建了中央政府和县级政府之间的静态和动态激励契约，在静态条件下分析了完全信息和不对称信息两种状况的激励机制的差异，并考察了信息不对称状况对激励机制的影响，又在动态条件下分析了生态补偿的长效激励机制，并考察了县级政府在财政收入以及保护能力等方面的异质性对激励机制的影响。其次运用羊群效应模型分析了生态补偿政策对当地居民保护意愿和行为的影响，考察了政府生态补偿政策当地居民的激励机制。由此，建立了由县级政府和当地居民共同作为国家重点生态功能区生态环境保护责任主体的转移支付激励机制。

第二，实证研究了中央政府对国家重点生态功能区地方政府生态补偿转移支付的激励机制及效果。通过构建县级政府隐藏当地资源价值类别信息、隐藏生态环境保护努力和资源价值类别与生态环境保护努力信息都隐藏三种信息不对称条件并考虑生态补偿成本最小化的生态补偿转移支付的契约形式，数值模拟不同信息不对称结构状况下不同价值类别资源比例、保护成本差异以及保护努力达到既定目标的概率等因素对激励机制的影响，分析了静态条件下生态补偿转移支付激励机制的最优形式及影响因素，为中央政府在不同信息条件下的激励机制设计提供相应的选择依据。在此基础上，以 2009～2018 年获得国家重点生态功能区转移支付的陕西省 33 个县为研究样本，回归分析了其生态转移支付数量和异质性因素包括县级政府财政水平、生态保护能力等对当地生态环境质量的影响，发现我国国家重点生态功能区生态补偿转移支付的"一刀切"的政策是造成生态补偿转移支付激励机制低效的重要原因，应建立考虑县级政府财政收入水平、保护能力、生态环境差异等因素的激励机制。

第三，通过扩展计划行为理论和构建结构方程模型，从居民的微观视角分析了国家重点生态功能区生态补偿转移支付的激励机制。现阶段对影响居民生态保护意愿和行为的研究大多是运用 Logistic 模型，从农户基本特征、土地面积、经济收入、补贴款等客观因素着手，缺少从居民主观心理特征探讨，而且多数都是孤立地分析居民意愿的影响因素和行为影响因素。本书以柞水和镇安两个国家重点生态功能区所在县的 614 份有效调研问卷数据为研究样本，研究了生态补偿政策对当地居民生态保护意愿和行为的激励效应。结果表明，国家重点生态功能区当地居民的行为态度、主观规范和感知行为控制三个心理因素对当地居民生态保护意愿的直接影响系数为 0.342、0.184 和 0.305，通过生态保护意愿对生态保护行为的间接影响系数为 0.151、0.081 和 0.135；生态补偿政策对当地居民的生态保护意愿和生态保护行为的直接影响系数为 0.178 和 0.121，通过生态保护意愿对生态保护行为的间接影响系数为 0.078；当地居民的生态保护意愿对生态保护行为的直接影响系数为 0.441。因此，应从影响当地居民的心理变量并发挥生态补偿政策激励机制等方面提高当地居民生态保护意愿，增强当地居民生态保护行为。

# 四、研究不足与展望

本书按照经济机制设计理论的理念，运用经济机制设计理论的方法，以我国国家重点生态功能区转移支付和存在的效率问题为研究案例，从国家重点生态功能区县级政府和居民的双重维度来探讨我国国家重点生态功能区转移支付契约设计的激励机制问题。但限于篇幅等因素的限制，仍存在一些不足和有待进一步研究的问题：

第一，国家重点生态功能区转移支付实施中的激励机制研究中，最典型的形式就是中央政府和县级政府、政府与当地居民间的委托—代理关系，在构建的国家重点生态功能区转移支付激励机制理论框架中，重点研究了中央政府和县级政府、当地居民二者之间的一期委托—代理形式和共同代理形式，而未对其他委托—代理形式进行分析。事实上，其他委托—代理形式同样存在于国家重点生态功能区转移支付的激励机制设计中，并且也应该对不同的委托—代理形式进行系统分析，以全面厘清生态补偿转移支付激励机制问题。但限于篇幅，未对这些委托—代理形式进行讨论，这将是笔者未来进一步研究生态补偿转移支付激励效应需要考虑的内容。

第二，由于国家重点生态功能区转移支付的县域数据涉及保密及其他限制，笔者及其所在课题组成员多次到陕西省财政厅、环保厅以及统计局等政府机构调研，并进行合作研究，才得到陕西省的相关数据，涉及其他省份国家重点生态功能区转移支付的县域数据无法获取，因此仅对陕西省国家重点生态功能区转移支付的县域数据进行了实证研究。但是不同区域、不同类型的国家重点生态功能区的差异明显，中央财政转移支付的影响以及县级政府异质性因素对生态环境质量的影响都是不同的，未来的研究中将进一步根据各地区国家重点生态功能区转移支付数据的可获得性，在实证研究方面拓宽国家重点生态功能区各个区域的包容性和县域转移支付的区域差异问题研究，以完善相应的政策建议。

第三，国家重点生态功能区转移支付的最终目标是激励县级政府和当地居民保护生态环境，提高生态环境质量，居民作为国家重点生态功能区生态环境保护的最直接主体，其利益和诉求与国家重点生态功能区转移支付的绩效高度相关。通过扩展计划行为理论和构建结构方程模型，采用调研数据研究生态补偿政策对国家重点生态功能区当地居民生态保护意愿和行为的影响，发现生态补偿政策不仅能够直接激励当地居民的生态保护行为，还可以通过提高当地居民的生态保护意愿激励其生态保护行为，针对现行国家重点生态功能区转移支付制度对当地居民生态环境保护意愿和行为的考虑缺失，未来对国家重点生态功能区转移支付的改革要考虑对当地居民生态保护的直接激励，如何建立直接面向当地居民的国家重点生态功能区生态补偿政策，同时整合、优化国家重点生态功能区内其他生态保护政策（如退耕还林还草、南水北调中线工程水源区保护等），促进居民的生态保护意愿和行为，将成为下一阶段研究的重点问题。

# 参考文献

［1］Barbier E B, Markandya A. A New Blueprint for a Green Economy ［M］. Taylor & Francis, 2012.

［2］任勇，冯东方，俞海，等．中国生态补偿理论与政策框架设计［M］. 北京：中国环境科学出版社，2008.

［3］陆旸．中国的绿色政策与就业：存在双重红利吗？［J］．经济研究，2011（7）：42 - 54.

［4］王思博，李冬冬，李婷伟．新中国70年生态环境保护实践进展：由污染治理向生态补偿的演变［J］．当代经济管理，2021（5）：1 - 10.

［5］李国平，刘生胜．中国生态补偿40年：政策演进与理论逻辑［J］．西安交通大学学报（社会科学版），2018，38（6）：101 - 112.

［6］李长亮．中国西部生态补偿机制构建研究［D］．兰州大学博士学位论文，2009.

［7］Muradian R, Corbera E, Pascual U, et al. Reconciling Theory and Practice：An Alternative Conceptual Framework for Understanding Payments for Environmental Services ［J］. Ecological Economics, 2010, 69（6）：1202 - 1208.

［8］Tacconi L. Redefining Payments for Environmental Services ［J］. Ecological Economics, 2012, 73（1727）：29 - 36.

［9］Kroeger T. The Quest for the "Optimal" Payment for Environmental Services Program：Ambition Meets Reality, with Useful Lessons ［J］. Forest Policy & Economics, 2013, 37（3）：65 - 74.

［10］Engel S, Pagiola S, Wunder S. Designing Payments for Environmental Services in Theory and Practice：An Overview of the Issue ［J］. Ecological Economics, 2008, 65（4）：663 - 674.

［11］Wunder S. Payments for Environmental Services：Some Nuts and Bolts［J］．Occasional Paper No. 42. CIFOR，Bogor，2005.

［12］Zhang Q，Lin T. An Eco－Compensation Policy Framework for the People's Republic of China：Challenges and Opportunities［R］．Asian Development Bank Report，2010.

［13］Berle A，Means G. The Modem Corporation and Private Property［M］．New York，MacMillan，1933.

［14］Arrow，K. Research in Management Controls：A Critical Synthesis［J］．In Management Controls：New Direction in Basic Research，eds. C. Bonini，R. Jaediche，and H，Wagner，New York：Mc－Craw－Hill，1963a：317－327.

［15］Igoe J，Neves K，Brockington D. A Spectacular Eco－tour around the Historic Bloc：Theorising the Convergence of Biodiversity Conservation and Capitalist Expansion［J］．Antipode，2010，42（3）：486－512.

［16］To P X，Dressler W H，Mahanty S，et al. The Prospects for Payment for Ecosystem Services（PES）in Vietnam：A Look at Three Payment Schemes［J］．Human Ecology，2012，40（2）：237－249.

［17］章铮．生态环境补偿费的若干基本问题［C］//国家环境保护局自然保护司编，中国生态环境补偿费的理论与实践．北京：中国环境科学出版社，1995.

［18］庄国泰，高鹏，王学军．中国生态环境补偿费的理论与实践［J］．中国环境科学，1995，15（6）：413－418.

［19］洪尚群，马丕京，郭慧光．生态补偿制度的探索［J］．环境科学与技术，2001（5）：40－43.

［20］毛显强，钟瑜，张胜．生态补偿的理论探讨［J］．中国人口·资源与环境，2002，12（4）：38－41.

［21］刘峰江，李希昆．生态市场补偿制度研究［J］．云南财贸学院学报（社会科学版），2005（1）：23－27.

［22］俞海，任勇．中国生态补偿：概念、问题类型与政策路径选择［J］．中国软科学，2008（6）：7－15.

［23］杨光梅，闵庆文，李文华，等．中国生态补偿研究中的科学问题［J］．生态学报，2007（10）：4289－4300.

［24］李文华，刘某承. 关于中国生态补偿机制建设的几点思考［J］. 资源科学，2010（5）：45－52.

［25］Fama E F, Jensen M C. Separation of Ownership and Control［J］. Journal of Law & Economics, 1983, 26（2）：301－25.

［26］Jensen M C, Meckling W H. Theory of the Firm：Managerial Behavior, Agency Costs and Ownership Structure［J］. Ssrn Electronic Journal, 1976, 76（3）：305－360.

［27］Laffont J J, Tirole J. Using Cost Observation to Regulate Firms［J］. The Journal of Political Economy, 1986, 94（3）：614－641.

［28］Laffont J J, Martimort D. The Theory of Incentives：the Principal－agent Model［M］. Princeton University Press, 2001.

［29］Sappington D E M. Incentives in Principal－Agent Relationships［J］. Journal of Economic Perspectives, 1991, 5（2）：45－66.

［30］张建国. 森林生态经济问题研究［M］. 北京：中国林业出版社，1986.

［31］李金昌. 生态价值论［M］. 重庆：重庆大学出版社，1999.

［32］聂华. 试论森林生态功能的价值决定［J］. 林业经济，1994（4）：48－52.

［33］谢利玉. 浅论公益林生态效益补偿问题［J］. 世界林业研究，2000（3）：70－76.

［34］胡仪元. 生态补偿理论基础新探——劳动价值论的视角［J］. 开发研究，2009（4）：23－29.

［35］丁任重，等. 西部资源开发与生态补偿机制研究［M］. 成都：西南财经大学出版社，2009.

［36］曹明德. 对建立生态补偿法律机制的再思考［J］. 中国地质大学学报（社会科学版），2010（5）：28－35.

［37］谢慧明. 生态经济化制度研究［D］. 浙江大学博士学位论文，2012.

［38］陶建格. 生态补偿理论研究现状与进展［J］. 生态环境学报，2012，21（4）：786－792.

［39］刘春江，薛惠锋，王海燕，等. 生态补偿研究现状与进展［J］. 环境保护科学，2009，35（1）：77－81.

［40］A. C. 庇古. 福利经济学（上卷）［M］. 朱泱，张胜纪，吴良健，译. 北京：商务印书馆，2006.

［41］沈满洪，杨天. 生态补偿机制的三大理论基石［N］. 中国环境报，2004 - 03 - 02.

［42］中国生态补偿机制与政策研究课题组. 中国生态补偿机制与政策研究［M］. 北京：科学出版社，2007.

［43］崔金星，石江水. 西部生态补偿理论解释与法律机制构造研究［J］. 西南科技大学学报（哲学社会科学版），2008（6）：15 - 22.

［44］李文国，魏玉芝. 生态补偿机制的经济学理论基础及中国的研究现状［J］. 渤海大学学报（哲学社会科学版），2008（3）：31 - 37.

［45］常修泽. 资源环境产权制度及其在我国的切入点［J］. 宏观经济管理，2008（9）：47 - 48.

［46］马永喜，王娟丽，王晋. 基于生态环境产权界定的流域生态补偿标准研究［J］. 自然资源学报，2017，32（8）：1325 - 1336.

［47］邱宇，陈英姿，饶清华，林秀珠，陈文花. 基于排污权的闽江流域跨界生态补偿研究［J］. 长江流域资源与环境，2018，27（12）：2839 - 2847.

［48］李宁. 长江中游城市群流域生态补偿机制研究［D］. 武汉大学博士学位论文，2018.

［49］Samuelson P A. The Pure Theory of Public Expenditure［J］. Reviews of Economics and Statistics，1954，36（4）：387 - 389.

［50］Buchanan J M. An Economic Theory of Clubs［J］. Economics，1965，32（2）：1 - 14.

［51］Asian Development Bank. An Eco - compensation Policy Framework for the People's Republic of China：Challenges and Opportunities［R］. Mandaluyong City，Philippines，2010.

［52］Whitten S，Shelton D. Markets for Ecosystem Services in Australia：Practical Design and Case Studies［R］. CSIRO，Canberra，Australia，2005.

［53］NMBIWG（National Market Based Instruments Working Group）. Interim Report on the National Market Based Instrument Pilot Program Round One［R］. National Action Plan for Salinity and Water Quality，Canberra，2005.

［54］Lockie S. Market Instruments，Eecosystem Services，and Property Rights：

Assumptions and Conditions for Sustained Social and Ecological Benefits ［J］. Land Use Policy, 2013, 31 (2): 90 –98.

［55］Pirard R. Market – based Instruments for Biodiversity and Ecosystem Services: A Lexicon ［J］. Environmental Science & Policy, 2012, 20 (5): 59 –68.

［56］万军, 张惠远, 王金南, 等. 中国生态补偿政策评估与框架初探 ［J］. 环境科学研究, 2005 (2): 1 –8.

［57］葛颜祥, 吴菲菲, 王蓓蓓, 梁丽娟. 流域生态补偿: 政府补偿与市场补偿比较与选择 ［J］. 山东农业大学学报 (社会科学版), 2007 (4): 48 –55.

［58］周映华. 流域生态补偿及其模式初探 ［J］. 四川行政学院学报, 2007 (6): 82 –85.

［59］马莹. 基于利益相关者视角的政府主导型流域生态补偿制度研究 ［J］. 经济体制改革, 2010 (5): 52 –56.

［60］尚海洋, 苏芳, 徐中民, 刘建国. 生态补偿的研究进展与启示 ［J］. 冰川冻土, 2011 (12): 1435 –1443.

［61］黄飞雪. 生态补偿的科斯与庇古手段效率分析 ［J］. 农业经济问题, 2011 (3): 92 –97.

［62］冯俏彬, 雷雨恒. 生态服务交易视角下的我国生态补偿制度建设 ［J］. 财政研究, 2014 (7): 11 –14.

［63］李荣娟, 孙友祥. 生态文明视角下的政府生态服务供给研究 ［J］. 当代世界与社会主义, 2013 (4): 177 –181.

［64］聂倩, 区小平. 公共财政中的生态补偿模式对比研究 ［J］. 财经理论与实践, 2014 (3): 103 –108.

［65］朱建华, 张惠远, 郝海广, 胡旭珺. 市场化流域生态补偿机制探索——以贵州省赤水河为例 ［J］. 环境保护, 2018, 46 (24): 26 –31.

［66］杜振华, 焦玉良. 建立横向转移支付制度实现生态补偿 ［J］. 宏观经济研究, 2004 (9): 51 –54.

［67］张冬梅. 财政转移支付民族地区生态补偿的福利经济学诠释 ［J］. 社会科学战线, 2013 (2): 69 –72.

［68］田贵贤. 生态补偿类横向转移支付研究 ［J］. 河北大学学报 (哲学社会科学版), 2013 (2): 45 –48.

［69］杨中文, 刘虹利, 许新宜, 等. 水生态补偿财政转移支付制度设计

[J] . 北京师范大学学报（自然科学版），2013（2/3）：326 - 332.

[70] 杨晓萌. 中国生态补偿与横向转移支付制度的建立 [J] . 财政研究，2013（2）：19 - 23.

[71] 卢洪友，杜亦譞，祁毓. 生态补偿的财政政策研究 [J] . 环境保护，2014（5）：23 - 26.

[72] 杨欣，蔡银莺，张安录. 农田生态补偿横向财政转移支付额度研究——基于选择实验法的生态外溢视角 [J] . 长江流域资源与环境，2017，26（3）：368 - 375.

[73] Corbera E, Soberanis C G, Brown K. Institutional Dimensions of Payments for Ecosystem Services：An Analysis of Mexico's Carbon Forestry Programme [J] . Ecological Economics, 2009, 68（3）：743 - 761.

[74] Vatn A. An Institutional Analysis of Payments for Environmental Services [J] . Ecological Economics, 2010, 69（2）：1245 - 1252.

[75] Sattler C, Trampnau S, Schomers S, et al. Multi - classification of Payments for Ecosystem Services：How do Classification Characteristics Relate to Overall PES Success [J] . Ecosystem Services, 2013, 6：31 - 45.

[76] 王金南，庄国泰. 生态补偿机制与政策设计 [M] . 北京：中国环境科学出版社，2006.

[77] 张金泉. 生态补偿机制与区域协调发展 [J] . 兰州大学学报（社会科学版），2007（3）：63 - 66.

[78] 孙新章，周海林. 我国生态补偿制度建设的突出问题和重大战略决策 [J] . 中国人口·资源与环境，2008（5）：139 - 143.

[79] 国土开发与土地经济研究所课题组. 地区间建立横向生态补偿制度研究 [J] . 宏观经济研究，2015（3）：13 - 23.

[80] 傅斌，徐佩，郭滢蔓. 山区多元化生态补偿挑战与对策 [J] . 中国国土资源经济，2019（6）：1 - 12.

[81] 梁丽娟，葛颜祥，傅奇蕾. 流域生态补偿选择性激励机制：从博弈论视角的分析 [J] . 农业科技管理，2006，5（4）：49 - 52.

[82] 李镜，张丹丹，陈秀兰，等. 岷江上游生态补偿的博弈论 [J] . 生态学报，2008（6）：2792 - 2798.

[83] 杨云彦，石智雷. 南水北调与区域利益分配：基于水资源社会经济协

调度的分析 [J]. 中国地质大学学报（社会科学版），2009（2）：13 – 18.

[84] 曹国华，蒋丹璐，唐蓉君. 流域生态补偿中地方政府动态最优决策 [J]. 系统工程，2011（11）：63 – 70.

[85] 李炜，田国双. 生态补偿机制的博弈分析 [J]. 学习与探索，2012（6）：106 – 108.

[86] 接玉梅，葛颜祥，徐光丽. 基于进化博弈视角的水源地与下游生态补偿合作演化分析 [J]. 运筹与管理，2012（6）：137 – 143.

[87] 徐大伟，荣金芳，李斌. 生态补偿的逐级协商机制分析 [J]. 经济学家，2013（9）：52 – 59.

[88] 曹洪华，景鹏，王荣成. 生态补偿过程动态演化机制及其稳定策略研究 [J]. 自然资源学报，2013（9）：1547 – 1555.

[89] 周春芳，张新，刘斌. 基于演化博弈的流域生态补偿机制研究——以贵州赤水河流域为例 [J]. 人民长江，2018，49（23）：38 – 42.

[90] 胡东滨，刘辉武. 基于演化博弈的流域生态补偿标准研究——以湘江流域为例 [J]. 湖南社会科学，2019（3）：114 – 120.

[91] 潘鹤思，柳洪志. 跨区域森林生态补偿的演化博弈分析——基于主体功能区的视角 [J]. 生态学报，2019（12）：1 – 9.

[92] Sierra R, Russman E. On the Efficiency of Environmental Service Payments: A Forest Conservation Assessment in the Osa Peninsula, Costa Rica [J]. Ecological Economics, 2006, 59 (1): 131 – 141.

[93] Robalino J, Pfaff A, Sanchez – Azofeifa G, et al. Deforestation Impacts of Environmental Services Payments: Costa Rica's PSA Program 2000 – 2005 [R]. Environment for Development Discussion Paper, 2008.

[94] Groth M. Auctions in an Outcome – based Payment Scheme to Reward Ecological Services in Agriculture – Conception, Implementation and Results [R]. General Information, 2005.

[95] Zilberman D, Lipper L, Mccarthy N. When Could Payments for Environmental Services Benefit the Poor [J]. Environment & Development Economics, 2008, 13 (6): 255 – 278.

[96] Zabel A, Roe B. Optimal Design of Pro – conservation Incentives [J]. Ecological Economics, 2009, 69 (1): 126 – 134.

[97] Zabel A, Engel S. Performance Payments: A New Strategy to Conserve Large Carnivores in the Tropics [J]. Ecological Economics, 2010, 70 (2): 405 – 412.

[98] Skutsch M, Vickers B, Georgiadou Y, et al. Alternative Models for Carbon Payments to Communities under REDD +: A Comparison Using the Polis Mmodel of Actor Inducements [J]. Environmental Science & Policy, 2011, 14 (2): 140 – 151.

[99] 陈钦, 徐益良. 森林生态效益补偿研究现状及趋势 [J]. 林业财务与会计, 2000 (2): 5 – 7.

[100] 吴水荣, 马天乐, 赵伟. 森林生态效益补偿政策进展与经济分析 [J]. 林业经济, 2001 (4): 20 – 24.

[101] 赵翠薇, 王世杰. 生态补偿效益、标准——国际经验及对我国的启示 [J]. 地理研究, 2010 (4): 597 – 606.

[102] Wunder S, Albán M. Decentralized Payments for Environmental Services: The Cases of Pimampiro and PROFAFOR in Ecuador [J]. Ecological Economics, 2008, 65 (4): 685 – 698.

[103] Landell – Mills N, Porras I T. Silver Bullet or Fools' Gold? A Global Review of Markets for Forest Environmental Services and Their Impact on the Poor. Instruments for Sustainable Private Sector Forestry Series, International Institute for Environment and Development [M]. London, 2002.

[104] Pagiola S, Platais G. Payments for Environmental Services: From Theory to Practice [J]. Environment Strategy Notes, 2007, 4 (2): 91 – 92.

[105] TEEB. The Economics of Ecosystems and Biodiversity for National and International Policy Makers – Summary: Responding to the Value of Nature [R]. 2010.

[106] Muradian R, Rival L. Between Markets and Hierarchies: The Challenge of Governing Ecosystem Services [J]. Ecosystem Services, 2012, 1 (1): 93 – 100.

[107] Lewison R L, An L, Chen X. Reframing the payments for ecosystem services framework in a coupled human and natural systems context: strengthening the integration between ecological and human dimensions [J]. Ecosystem Health and Sustainability, 2017, 3 (5): 415 – 444.

[108] 孙新章, 周海林. 我国生态补偿制度建设的突出问题和重大战略决策 [J]. 中国人口·资源与环境, 2008 (5): 139 – 143.

［109］张术环，杨舒涵．生态补偿的制度安排体系研究［J］．前沿，2010（19）：159－162.

［110］黄润源．论我国自然保护区生态补偿法律制度的完善路径［J］．学术研究，2011（12）：181－186.

［111］严耕．生态文明法制建设需突破四个瓶颈［N］．光明日报，2012－12－11.

［112］史玉成．生态补偿制度建设与立法供给［J］．法学评论，2013（4）：115－123.

［113］刘晓莉．我国草原生态补偿法律制度反思［J］．东北师大学报（哲学社会科学版），2016（4）：85－92.

［114］于雪婷，刘晓莉．草原生态补偿法制化是牧区生态文明建设的必要保障［J］．社会科学家，2017（5）：98－102.

［115］蓝楠，夏雪莲．美国饮用水水源保护区生态补偿立法对我国的启示［J］．环境保护，2019（10）：62－65.

［116］Alchian A A，Demsetz H．Production，Information Costs，and Economic Organization［J］．American Econimics Review，1972，62（3）：777－795.

［117］Holmstromand B，Tirole J．Market Liquidity and Performance Monitoring［J］．Journal of Political Economy，1993，101（4）：678－709.

［118］Conner K R，Prahalad C K．A Resource－based Theory of the Firm：Knowledge Versus Opportunism［J］．Organization Science，1996，7（5）：477－501.

［119］Stanwick P A，Stanwick S D．The Relationship Between Corporate Social Performance，and Organizational Size，Financial Performance，and Environmental Performance：An Empirical Examination［M］．Citation Classics from the Journal of Business Ethics Springer Netherlands，2013.

［120］尤金·法马．代理问题和企业理论［J］．载路易斯·普特曼、兰德尔·克罗茨纳编：企业的经济性质（中译本）．第一版．上海：上海财经大学出版社，2000.

［121］Holmstrom B，Milgrom P．Aggregation and Linearity in the Provision of Intertemporal Incentives［J］．Econometrica，1987，55（2）：303－328.

［122］Holmström B，Milgrom P．Multitask Principal－Agent－Analysis：Incentive Contracts, Asset Ownership, and Job Design [C]. Journal of Law, Economics, and Organization, 1991: 24 – 52.

[123] Ze J H, Poussin D. A Tatonnement Process for Public Goods [J]. Review of Economic Studies, 1971, 38 (2): 133 – 150.

[124] Clarke E H. Multipart Pricing of Public Goods [J]. Public Choice, 1971, 11 (1): 17 – 33.

[125] Groves T. Incentives in Teams [J]. Econometrica, 1973, 41 (4): 617 – 631.

[126] Groves T, Loeb M. Incentives and Public Inputs [J]. Discussion Papers, 1974, 4 (75): 211 – 226.

[127] Holmstrom B. Moral Hazard in Teams [J]. Bell Journal of Economics, 1982, 13 (2): 324 – 340.

[128] Eswaran M, Kotwal A. The Moral Hazard of Budget – Breaking [J]. Rand Journal of Economics, 1984, 15 (4): 578 – 581.

[129] Mcafee R P, Mcmillan J. Optimal Contracts for Teams [J]. International Economic Review, 1991, 32 (3): 561 – 577.

[130] Tirole J. Incomplete Contracts: Where do We Stand? [J]. Econométrica Journal of the Econometric Society, 1999, 67 (4): 741 – 781.

[131] Sappington D. Limited Liability Contracts between Principal and Agent [J]. Journal of Economic Theory, 1983, 29 (83): 1 – 21.

[132] Bester H, Strausz R. Contracting with Imperfect Commitment and the Revelation Principle: The Single Agent Case [J]. Econometrica, 2001, 69 (4): 1077 – 1098.

[133] Rey – Biel P. Inequity Aversion and Team Incentives [J]. Scandinavian Journal of Economics, 2007, 110 (2): 297 – 320.

[134] Grund C, Sliwka D. Envy and Compassion in Tournaments [J]. Journal of Economics & Management Strategy, 2005, 14 (1): 187 – 207.

[135] Baker G P, Jensen M C, Murphy K J. Compensation and Incentives: Practice vs. Theory [J]. The Journal of Finance, 1988, 43 (3): 593 – 616.

[136] Gibbons R, Murphy K J. Relative Performance Evaluation For Chief Executive Officers [J]. Industrial & Labor Relations Review, 1989, 43 (3): 305 – 315.

[137] Bertr M, Mullainathan S. Are CEOS Rewarded for Luck? The Ones without Principals Are [J]. Quarterly Journal of Economics, 2001, 116 (3): 901 – 932.

[138] Lazear E P. Pay Equality and Industrial Politics [J]. Journal of Political Economy, 1989, 97 (3): 561 – 580.

[139] Milgrom P, Roberts J. Communication and Inventories as Substitutes in Organizing Production [J]. Scandinavian Journal of Economics, 1988, 90 (3): 275 – 289.

[140] Pfeffer J, Langton N. The Effect of Wage Dispersion on Satisfaction, Productivity, and Working Collaboratively: Evidence from College and University Faculty [J]. Administrative Science Quarterly, 1993, 38 (3): 382 – 407.

[141] Meyer M A. Performance Comparisons and Dynamic Incentives [J]. Cepr Discussion Papers, 1997, 105 (3): 547 – 581.

[142] 刘兵. 基于相对业绩比较的报酬契约与代理成本分析 [J]. 系统工程学报, 2002 (1): 8 – 13.

[143] Demougin D, Fluet C. Inequity Aversion in Tournament [J]. Cirano Working Papers, 2003.

[144] 魏光兴, 蒲勇健. 公平偏好与锦标激励 [J]. 管理科学, 2006 (2): 42 – 47.

[145] Solow R M. Another Possible Source of Wage Stickiness [J]. Journal of Macroeconomics, 1979, 1 (79): 79 – 82.

[146] Salop S C. A Model of the Natural Rate of Unemployment [J]. American Economic Review, 1979, 69 (1): 117 – 125.

[147] Stiglitz J E, Shapiro C, Stiglitz J E, et al. Equilibrium Unemployment as a Worker Discipline Device [J]. American Economic Review, 1984, 74 (4): 433 – 444.

[148] Yellen J L. Efficiency Wage Models of Unemployment [J]. American Economic Review, 1984, 74 (2): 200 – 205.

[149] Saint – Paul G. Technological Choice, Financial Markets and Economic Development [J]. European Economic Review, 1990, 36 (92): 763 – 781.

[150] Gibbons R, Optimal Incentive Contracts in the Presence of Career Concerns: Theory and Evidence [J]. Journal of Political Economy, 1992, 100 (3): 468 – 505.

［151］Miller D T, Ross M. Self – serving Biases in the Attribution of Causality: Fact or Fiction ［J］. Psychological Bulletin, 1975 （82）: 213 – 225.

［152］Fama E F. Agency Problems and the Theory of the Firm ［J］. Journal of Political Economy, 1980, 88 （2）: 288 – 307.

［153］Radner R. Repeated Principal Agent Games with Discounting ［J］. Econometrica, 1998, 53 （5）: 1173 – 1198.

［154］Milbourn T T. CEO Reputation and Stock – based Compensation ［J］. Journal of Financial Economics, 2003, 68 （2）: 233 – 262.

［155］皮天雷. 国外声誉理论：文献综述、研究展望及对中国的启示［J］. 首都经济贸易大学学报, 2009 （3）: 95 – 101.

［156］黄金芳, 等. 现代企业组织激励理论新进展研究 ［M］. 北京：人民邮电出版社, 2010.

［157］王宗军, 田原, 赵欣欣. 管理层激励对公司经营困境影响研究综述 ［J］. 技术经济, 2011 （6）: 92 – 99.

［158］刘炯. 生态转移支付对地方政府环境治理的激励效应——基于东部六省 46 个地级市的经验证据 ［J］. 财经研究, 2015, 41 （2）: 54 – 65.

［159］Bird R M, Smart M. Intergovernmental Fiscal Transfers: International Lessons for Developing Countries ［J］. World Development, 2002, 30 （6）: 899 – 912.

［160］Pagiola S, Bishop J, Landell – Mills N. Selling Forest Environmental Services: Market – based Mechanisms for Conservation and Development ［J］. Mills, 2003, 45 （3）: 311 – 312.

［161］Ring I. Ecological Public Functions and Fiscal Equalization at the Local Level in Germany ［J］. Ecological Economics, 2002, 42 （2）: 415 – 427.

［162］Ring I. Integrating Local Ecological Services into Intergovernmental Fiscal Transfers: The Case of the Ecological ICMS in Brazil ［J］. Land Use Policy, 2008, 25 （4）: 485 – 497.

［163］Ring I. Compensating Municipalities for Protected Areas: Fiscal Transfers for Biodiversity Conservation in Saxony, Germany ［J］. GAIA – Ecological Perspectives for Science and Society, 2008, 17 （1）: 143 – 151.

［164］Caplan A J, Silva E C D. An Efficient Mechanism to Control Correlated Externalities: Redistributive Transfers and the Coexistence of Regional and Global Pollution Perinit Markets ［J］. Journal of Environmental Economics and Management, 2005, 49 （2）: 68 – 82.

［165］Shah A. A Practitioner's Guide to Intergovernmental Fiscal Transfers in Broadway: Principles and Practices ［R］. The World Bank, Washington, D. C. , 2007.

［166］Dur R, Staal K. Local Public Good Provision, Municipal Consolidation, and National Transfers ［J］. Discussion Paper, 2007, 38 （2）: 160 – 173.

［167］Farley J, Aquino A, Daniels A, et al. Global Mechanisms for Sustaining and Enhancing PES Schemes ［J］. Ecological Economics, 2010, 69 （11）: 2075 – 2084.

［168］Kumar S, Managi S. Compensation for Environmental Services and Intergovernmental Fiscal Transfers: The Case of India ［J］. Ecological Economics, 2009, 68 （8）: 3052 – 3059.

［169］Santos R, Ring I, Antunes P, et al. Fiscal Transfers for Biodiversity Conservation: The Portuguese Local Finances Law ［J］. Land Use Policy, 2012, 29 （2）: 261 – 273.

［170］Borie M, Mathevet R, Letourneau A, et al. Exploring the Contribution of Fiscal Transfers to Protected Area Policy ［J］. Ecology & Society, 2014, 19 （1）: 119 – 122.

［171］OECD, Environmental Fiscal Reform for Poverty Reduction ［R］. Paris, 2005.

［172］Jonah B. Monitoring and Evaluating the Payment – for – Performance Premise of REDD +: the Case of India's Ecological Fiscal Transfers ［J］. Ecosystem Health & Sustainability, 2018, 4 （7）: 1 – 7.

［173］谢利玉. 浅论公益林生态效益补偿问题 ［J］. 世界林业研究, 2000 （3）: 70 – 76.

［174］邢丽. 关于建立中国生态补偿机制的财政对策研究 ［J］. 财政研究, 2005 （1）: 20 – 22.

［175］王金南, 万军, 张惠远. 关于我国生态补偿机制与政策的几点认识 ［J］. 环境保护, 2006 （19）: 24 – 28.

［176］王昱, 丁四保, 王荣成. 区域生态补偿的理论与实践需求及其制度障

碍［J］. 中国人口·资源与环境, 2010, 20 (7): 74 – 80.

［177］余敏江. 生态治理中的中央与地方府际间协调: 一个分析框架［J］. 经济社会体制比较, 2011 (2): 148 – 156.

［178］舒旻. 论生态补偿资金的来源与构成［J］. 南京工业大学学报 (社会科学版), 2015, 14 (1): 54 – 63.

［179］田贵贤. 生态补偿类横向转移支付研究［J］. 河北大学学报 (哲学社会科学版), 2013 (2): 45 – 48.

［180］李齐云, 汤群. 基于生态补偿的横向转移支付制度探讨［J］. 地方财政研究, 2008 (12): 35 – 40.

［181］李坤刚, 鞠美庭. 基于生态足迹方法的中国区域间生态转移支付研究［J］. 环境科学与管理, 2008 (3): 48 – 51.

［182］邓晓兰, 黄显林, 杨秀. 积极探索建立生态补偿横向转移支付制度［J］. 经济纵横, 2013 (10): 47 – 51.

［183］段铸, 刘艳, 孙晓然. 京津冀横向生态补偿机制的财政思考［J］. 生态经济, 2017, 33 (6): 146 – 150.

［184］王金南, 刘桂环, 文一惠. 以横向生态保护补偿促进改善流域水环境质量——《关于加快建立流域上下游横向生态保护补偿机制的指导意见》解读［J］. 环境保护, 2017, 45 (7): 14 – 18.

［185］王德凡. 基于区域生态补偿机制的横向转移支付制度理论与对策研究［J］. 华东经济管理, 2018, 32 (1): 62 – 68.

［186］张询书. 流域生态补偿应由政府主导［J］. 环境经济, 2008 (5): 48 – 52.

［187］王璇. 生态转移支付研究综述及对我国的启示［J］. 经济研究导刊, 2015 (5): 172 – 173.

［188］Farley J, Costanza R. Payments for Ecosystem Services: From Local to Global［J］. Ecological Economics, 2010, 69 (11): 2060 – 2068.

［189］May P, Denardin V, Loureiro W, et al. Using Fiscal Instruments to Encourage Conservation: Municipal Responses to the "Ecological" Value – added Tax［C］. Paraná and Minas Gerais, 2002.

［190］Scherr S, White A, Khare A. Current Status and Future Potential of Markets for Ecosystem Services of Tropical Forests: an Overview［R］. Working

Paper, 2004.

［191］Köllner T, Schelske O, Seidl I. Integrating Biodiversity into Intergovernmental Fiscal Transfers Based on Cantonal Benchmarking: A Swiss Case Study ［J］. Basic & Applied Ecology, 2002, 3 (4): 381 – 391.

［192］Mumbunan S, Ring I, Lenk T. Ecological Fiscal Transfers at the Provincial Level in Indonesia ［J］. Ufz Discussion Papers, 2012.

［193］Hajkowicz S. Allocating Scarce Financial Resources across Regions for Environmental Management in Queensland, Australia ［J］. Ecological Economics, 2007, 61 (2 – 3): 208 – 216.

［194］Schröter – Schlaack C, Koellner T, Rui S, et al. Intergovernmental Fiscal Transfers to Support Local Conservation Action in Europe ［J］. Zeitschrift Für Wirtschaftsgeographie, 2014, 58: 98 – 114.

［195］Santos R F, Antunes P, Ring I, Clemente P. Engaging Local Private and Public Actors in Biodiversity Conservation: The Role of Agri – Environmental Schemes and Ecological Fiscal Transfers ［J］. Environmental Policy & Governance, 2015, 25 (2): 83 – 96.

［196］刘春腊, 刘卫东, 陆大道. 1987 – 2012 年中国生态补偿研究进展及趋势 ［J］. 地理科学进展, 2013, 32 (12): 1780 – 1792.

［197］刘春腊, 刘卫东. 中国生态补偿的省域差异及影响因素分析 ［J］. 自然资源学报, 2014, 29 (7): 1091 – 1104.

［198］贾康. 推动我国主体功能区协调发展的财税政策 ［J］. 预算管理与会计, 2009 (7): 54 – 58.

［199］宋小宁. 我国生态补偿性财政转移支付研究——基于巴西的国际经验借鉴 ［J］. 价格理论与实践, 2012 (7): 47 – 49.

［200］程岚. 基于主体功能区战略的转移支付制度探析 ［J］. 江西社会科学, 2014 (1): 67 – 71.

［201］李国平, 李潇. 国家重点生态功能区转移支付资金分配机制研究 ［J］. 中国人口·资源与环境, 2014, 24 (5): 124 – 130.

［202］卢洪友, 杜亦譞, 祁毓. 生态补偿的财政政策研究 ［J］. 环境保护, 2014, 42 (5): 23 – 26.

［203］何立环, 刘海江, 李宝林, 等. 国家重点生态功能区县域生态环境质

量考核评价指标体系设计与应用实践［J］. 环境保护，2014（12）：42 – 45.

［204］伏润民，缪小林. 中国生态功能区财政转移支付制度体系重构——基于拓展的能值模型衡量的生态外溢价值［J］. 经济研究，2015（3）：47 – 61.

［205］何伟军，秦彀，安敏. 国家重点生态功能区转移支付政策的缺陷及改进措施——以武陵山片区（湖南）部分县市区为例［J］. 湖北社会科学，2015（4）：67 – 72.

［206］刘璨，陈珂，刘浩，陈同峰，何丹. 国家重点生态功能区转移支付相关问题研究——以甘肃五县、内蒙二县为例［J］. 林业经济，2017，39（3）：3 – 15.

［207］徐鸿翔，张文彬. 国家重点生态功能区转移支付的生态保护效应研究——基于陕西省数据的实证研究［J］. 中国人口·资源与环境，2017，27（11）：141 – 148.

［208］杜振华，焦玉良. 建立横向转移支付制度实现生态补偿［J］. 宏观经济研究，2004（9）：51 – 54.

［209］郑雪梅. 生态转移支付——基于生态补偿的横向转移支付制度［J］. 环境经济，2006（7）：11 – 15.

［210］陶恒，宋小宁. 生态补偿与横向财政转移支付的理论与对策研究［J］. 四川兵工学报，2010（2）：82 – 85.

［211］伍文中，张扬，刘晓萍. 从对口支援到横向财政转移支付：基于国家财政均衡体系的思考［J］. 财经论丛，2014（1）：36 – 41.

［212］白洁. 我国生态补偿横向转移支付制度研究［D］. 中国财政科学研究院硕士学位论文，2017.

［213］彭春凝. 论生态补偿机制的财政转移支付［J］. 江汉论坛，2009（3）：32 – 35.

［214］张冬梅. 财政转移支付民族地区生态补偿的问题与对策［J］. 云南民族大学学报（哲学社会科学版），2012，29（5）：106 – 111.

［215］孙开，孙琳. 流域生态补偿机制的标准设计与转移支付安排［J］. 财贸经济，2015（12）：118 – 128.

［216］宋丽颖，杨潭. 转移支付对黄河流域环境治理的效果分析［J］. 经济地理，2016，36（9）：166 – 172 + 191.

［217］孔凡斌. 建立和完善我国生态环境补偿财政机制研究［J］. 经济地

理，2010（8）：1360 – 1366.

[218] 禹雪中，冯时. 中国流域生态补偿标准核算方法分析 [J]. 中国人口·资源与环境，2011，21（9）：14 – 19.

[219] 王军锋，侯超波，闫勇. 政府主导型流域生态补偿机制研究——对子牙河流域生态补偿机制的思考 [J]. 中国人口·资源与环境，2011，21（7）：101 – 106.

[220] 杨卉，阿斯哈尔·吐尔逊. 新疆生态补偿的财政转移支付的现状、问题与政策建议 [J]. 时代经贸，2011（8）：95 – 95.

[221] Grieg – Gran M. Fiscal Incentives for Biodiversity Conservation：The ICMS Ecologico in Brazil [R]. Discussion Papers，2000.

[222] Ring I，Schröter – Schlaack C. Instrument Mixes for Biodiversity Policies [R]. Schlaack，2011.

[223] Locatelli B，Roias V，Salinas Z. Impacts of Payments for Environmental Services on Local Development in Northern Costa Rica：A Fuzzy Multi – criteria Analysis [J]. Forest Policy and Economics，2008，10（5）：275 – 285.

[224] Robalino J，Pfaff A，Sanchez – Azofefia G A，et al. Deforestation Impacts of Environmental Services Payments：Costa Rica's PSA Program 2000 – 2005 [R]. Discussion Papers，2008.

[225] Pfaff A，Robalino J，Sanchez – Azofeifa G A. Payments for Environmental Services：Empirical Analysis for Costa Rica [R]. Duke University，2008.

[226] Alix – Carcia J，De Janvry A，Sadoulet E. The Role of Deforestation Risk and Calibrated Compensation in Designing Payments for Environmental Services [J]. Environment and Development Economics，2013，13（3）：375 – 394.

[227] Irawan S，Tacconi L，Ring I. Stakeholders' Incentives for Land – use Change and REDD +：The Case of Indonesia [J]. Ecological Economics，2013，87（3）：75 – 83.

[228] Irawan S，Tacconi L，Ring I. Designing Intergovernmental Fiscal Transfers for Conservation：The Case of REDD + Revenue Distribution to Local Governments in Indonesia [J]. Land Use Policy，2014，36：47 – 59.

[229] Razzaque J. Payments for Ecosystem Services in Sustainable Mangrove Forest Management in Bangladesh [J]. Transnational Environmental Law，2017，6

(2)：309 – 333.

[230] Sierra R, Russman E. On the Efficiency of Environmental Service Payments：A Forest Conservation Assessment in the Osa Peninsula, Costa Rica [J]. Ecological Economics, 2006, 59 (1)：131 – 141.

[231] Sauquet A, Marchand S, Feres J G. Ecological Fiscal Incentives and Spatial Strategic Interactions：the Case of the ICMS – E in the Brazilian State of Paraná [R]. CERDI Working Paper No. 19, 2012.

[232] Sauquet A, Marchand S, Féres J G. Protected Areas, Local Governments, and Strategic Interactions：The Case of the ICMS – Ecológico in the Brazilian State of Paraná [J]. Ecological Economics, 2014, 107 (3)：249 – 258.

[233] Marchand S, Sauquet A, Feres J G. Ecological Fiscal Incentives and Spatial Strategic Interactions：the Case of the ICMS – E in the Brazilian State of Parana [R]. Working Paper, 2012.

[234] 彭文英, 张科利, 陈瑶, 等. 黄土坡耕地退耕还林后土壤性质变化研究 [J]. 自然资源学报, 2005, 20 (2)：272 – 278.

[235] 宋乃平, 王磊, 刘艳华, 等. 退耕还林草对黄土丘陵区土地利用的影响 [J]. 资源科学, 2006, 28 (4)：52 – 57.

[236] 韩洪云, 喻永红. 退耕还林的环境价值及政策可持续性——以重庆万州为例 [J]. 中国农村经济, 2012 (11)：44 – 55.

[237] 姚盼盼, 温亚利. 河北省承德市退耕还林工程综合效益评价研究 [J]. 干旱区资源与环境, 2013, 27 (4)：47 – 53.

[238] 周德成, 赵淑清, 朱超. 退耕还林工程对黄土高原土地利用/覆被变化的影响——以陕西省安塞县为例 [J]. 自然资源学报, 2011, 26 (11)：1866 – 1878.

[239] 韩洪云, 喻永红. 退耕还林的土地生产力改善效果：重庆万州的实证解释 [J]. 资源科学, 2014, 36 (2)：389 – 396.

[240] 肖庆业, 陈建成, 张贞. 退耕还林工程综合效益评价——以我国 10 个典型县为例 [J]. 江西社会科学, 2014 (2)：220 – 224.

[241] 胡生君, 孙保平, 王同顺. 干热河谷区退耕还林生态效益价值评估——以云南巧家县为例 [J]. 干旱区资源与环境, 2014, 28 (7)：79 – 83.

[242] 陈佳, 高洁玉, 赫郑飞. 公共政策执行中的"激励"研究——以 W

县退耕还林为例 [J]. 中国行政管理, 2015 (6): 113-118.

[243] 杨柳英, 赵翠薇, 李朝仙, 胡震, 徐志荣, 李爽, 田仁伟. 基于山地村域耕地质量评价的退耕还林效益研究——以贵州省凯里市大田村为例 [J]. 湖南师范大学自然科学学报, 2018, 41 (6): 1-8.

[244] 张宏胜, 黄毓骁. 贵州省退耕还林工程效益与发展对策分析 [J]. 林业经济, 2018, 40 (10): 41-44.

[245] 李桦, 郭亚军, 刘广全. 农户退耕规模的收入效应分析——基于陕西省吴起县农户面板调查数据 [J]. 中国农村经济, 2013 (5): 24-31.

[246] 刘秀丽, 张勃, 郑庆荣, 等. 黄土高原土石山区退耕还林对农户福祉的影响研究——以宁武县为例 [J]. 资源科学, 2014, 36 (2): 397-405.

[247] 卢悦, 田相辉. 退耕还林对农户收入的影响分析——基于 PSM-DID 方法 [J]. 林业经济, 2019, 41 (4): 87-93.

[248] 陈永正, 陈家泽, 周灵, 等. 西部大型公共产品溢出效应分析——以天然林保护工程为例构建测算指标体系 [J]. 经济学家, 2007 (6): 101-108.

[249] 郭玮, 李炜. 基于多元统计分析的生态补偿转移支付效果评价 [J]. 经济问题, 2014 (11): 92-97.

[250] 李国平, 李潇, 汪海洲. 国家重点生态功能区转移支付的生态补偿效果分析 [J]. 当代经济科学, 2013, 35 (5): 58-64.

[251] 李国平, 汪海洲, 刘情. 国家重点生态功能区转移支付的双重目标与绩效评价 [J]. 西北大学学报 (哲学社会科学版), 2014, 44 (1): 151-155.

[252] 沈满洪, 杨天. 生态补偿机制的三大理论基石 [N]. 中国环境报, 2004-03-02.

[253] Musgrave, R. A. The Theory of Public Finance: A Study in Public Economy [J]. Journal of Political Economy, 1959, 99: 213-213.

[254] 孙勇. 中国式财政分权、金融发展与经济增长 [J]. 经济问题探索, 2017 (9): 135-143.

[255] 李涛, 刘思玥, 刘会. 财政行为空间互动是否加剧了雾霾污染?——基于财政—环境联邦主义的考察 [J]. 现代财经 (天津财经大学学报), 2018, 38 (6): 3-19.

[256] Banzhaf H S, Chupp B A. Fiscal Federalism and Interjurisdictional Externalities: New Results and an Application to US Air Pollution [J]. Journal of Public

Economics, 2012, 96 (10): 449 – 464.

[257] 张华, 丰超, 刘贯春. 中国式环境联邦主义: 环境分权对碳排放的影响研究 [J]. 财经研究, 2017, 43 (9): 33 – 49.

[258] Baker G P, Jensen M C, Murphy K J. Compensation and In – centives: Practice vs. Theory [J]. Social Science Electronic Publishing, 1988, 43 (3): 593 – 616.

[259] 周黎安. 中国地方官员的晋升锦标赛模式研究 [J]. 经济研究, 2007 (7): 36 – 50.

[260] 张彩云, 苏丹妮, 卢玲, 王勇. 政绩考核与环境治理——基于地方政府间策略互动的视角 [J]. 财经研究, 2018, 44 (5): 4 – 22.

[261] 赵倩玉. 环保考核的晋升激励对地区环境治理水平的影响 [D]. 上海师范大学硕士学位论文, 2018.

[262] 梁丽. 利益激励视角下地方政府行为偏好与环境规制效应分析 [J]. 领导科学, 2018 (32): 22 – 24.

[263] 任丙强. 地方政府环境政策执行的激励机制研究: 基于中央与地方关系的视角 [J]. 中国行政管理, 2018 (6): 129 – 135.

[264] Mathevet R, Thompson J, Delano O, et al. La Solidarité écologique : Un Nouveau Concept Pour Une Gestion Intégrée Des Parcs Nationaux et des Territoires [J]. Natures Sciences Sociétés, 2010, 18 (4): 424 – 433.

[265] Folke C, Åsa Jansson, Rockström J, et al. Reconnecting to the Biosphere [J]. Ambio A Journal of the Human Environment, 2011, 40 (7): 719 – 738.

[266] Ozanne A, Hogan T, Colman D. Moral Hazard, Risk Aversion and Compliance Monitoring in Agri – environmental Policy [J]. European Review of Agricultural Economics, 2001, 28 (3): 329 – 347.

[267] Antle J, Capalbo S, Mooney S, et al. Spatial Heterogeneity, Contract Design, and the Efficiency of Carbon Sequestration Policies for Agriculture [J]. Journal of Environmental Economics and Management, 2003, 46 (2): 231 – 250.

[268] Crépin A S. Incentives for Wetland Creation [J]. Journal of Environmental Economics and Management, 2005, 50 (3): 598 – 616.

[269] Latacz – Lohman U, Van der Hamsvoort C. Auctions as a Means of Creating a Market for Public Goods from Agriculture [J]. Journal of Agricultural Econom-

ics，1998，49（3）：334 - 345.

［270］Ferraro P J. Asymmetric Information and Contract Design for Payments for Environmental Services［J］. Ecological Economics，2008，65（4）：810 - 821.

［271］Smith R B W. The Conservation Reserve Program as a Least - cost Land Retirement Mechanism［J］. American Journal of Agricultural Economics，1995，77（1）：93 - 105.

［272］Moxey A，White B，Ozanne A. Efficient Contract Design for Agri - environment Policy［J］. Journal of Agricultural Economics，1999，50（2）：187 - 202.

［273］White B. Designing Voluntary Agri - environment Policy with Hidden Information and Hidden Action：a Note［J］. Journal of Agricultural Economics，2002，53（2）：353 - 360.

［274］Ozanne A，White B. Equivalence of Input Quotas and Input Charges under Asymmetric Information in Agri - environmental Schemes［J］. Journal of Agricultural Economics，2007，58（2）：260 - 268.

［275］刘灵芝，陈正飞. 森林生态补偿激励机制探讨［J］. 中国软科学，2010（S2）：74 - 78.

［276］韦惠兰，宗鑫. 草原生态补偿政策下政府与牧民之间的激励不相容问题——以甘肃玛曲县为例［J］. 农村经济，2014（11）：102 - 106.

［277］李宁，王磊，张建清. 基于博弈理论的流域生态补偿利益相关方决策行为研究［J］. 统计与决策，2017（23）：54 - 59.

［278］李国志. 森林生态补偿研究进展［J］. 林业经济，2019，41（1）：32 - 40.

［279］张俊飚，李海鹏. "一退两还" 中的博弈分析与制度创新［J］. 中国人口·资源与环境，2003，13（6）：55 - 58.

［280］蒋海. 中国退耕还林的微观投资激励与政策的持续性［J］. 中国农村经济，2003（8）：30 - 36.

［281］徐晋涛，陶然，危结根. 信息不对称、分成契约与超限额采伐——中国国有森林资源变化的理论分析和实证考察［J］. 经济研究，2004（3）：37 - 46.

［282］王小龙. 退耕还林：私人承包与政府规制［J］. 经济研究，2004（4）：107 - 116.

［283］刘燕，周庆行．退耕还林政策的激励机制缺陷［J］．中国人口·资源与环境，2005，15（5）：104－107．

［284］李桦，姚顺波．不同退耕规模农户生产技术效率变化差异及其影响因素分析——基于黄土高原农户微观数据［J］．农业技术经济，2011（12）：51－60．

［285］赵敏娟，姚顺波．基于农户生产技术效率的退耕还林政策评价——黄土高原区3县的实证研究［J］．中国人口·资源与环境，2012，22（9）：135－141．

［286］万海远，李超．农户退耕还林政策的参与决策研究［J］．统计研究，2013（10）：83－91．

［287］危丽，杨先斌，刘燕．退耕还林中的中央政府与地方政府最优激励合约［J］．财经研究，2006（11）：47－55．

［288］孔德帅，李铭硕，靳乐山．国家重点生态功能区转移支付的考核激励机制研究［J］．经济问题探索，2017（7）：81－87．

［289］张炜，张兴．异质性人力资本与退耕还林政策的激励性——一个理论分析框架［J］．农业技术经济，2018（2）：53－63．

［290］Olson M. The Rise and Decline of Nations： Economic Growth， Stagflation， and Social Rigidities［M］． Yale University Press，2008.

［291］Eisenhardt K. Agency theory： An assessment and review［J］． Journal of Academy Management Review，1989，14（1）：57－74.

［292］Verhoest K. Effects of autonomy， performance contracting， and competition on the performance of a public agency： A case study［J］． Journal of Policy Studies，2005，33（2）：235－258.

［293］Kivistö J. The Government－higher Education Institution Relationship： Theoretical Considerations from the Perspective of Agency Theory［J］． Tertiary Education and Management，2005，11（1）：1－17.

［294］Kivistö J. An Assessment of Agency Theory as a Framework for the Government－university Relationship［J］． Journal of Higher Education Policy and Management，2008，30（4）：339－350.

［295］Rubinstein A，Yaari M. Repeated Insurance Contracts and Moral Hazard［J］． Journal of Economic Theory，1983，30（1）：74－97.

[296] Macleod B. Equity, Efficiency and Incentives in Cooperative Teams [J]. Core Discussion Papers Rp, 1988, 3: 5 – 23.

[297] Spence M, Zeckhauser R. Insurance, Information, and Individual Action [J]. American Economic Review, 1971, 61 (2): 380 – 87.

[298] Ross S A. The Economic Theory of Agency: The Principal's Problem [J]. American Economic Review, 1973, 63 (2): 134 – 139.

[299] Mirrless J A. The Optimal Structure of Incentives and Authority within an Organization [J]. Bell Journal of Economics, 1976, 7 (1): 105 – 131.

[300] Dixit A. Incentives and Organizations in the Public Sector: An Interpretative Review [J]. Journal of Human Resources, 2002, 37 (4): 696 – 727.

[301] Burgess S, Ratto M. The Role of Incentives in the Public Sector: Issues and Evidence [J]. Oxford Review of Economic Policy, 2003, 19 (2): 285 – 300.

[302] Holmström B. Managerial Incentive Problems: A Dynamic Perspective [J]. The Review of Economic Studies, 1999, 66 (1): 169 – 182.

[303] Becker G S. A Theory of the Allocation of Time [J]. The Economic Journal, 1965, 75 (299): 493 – 517.

[304] Heath J A, Ciscel D H, Sharp D C. The Work of Families: The Provision of Market and Household Labor and the Role of Public Policy [J]. Review of Social Economy, 1998, 56 (4): 501 – 521.

[305] Holmstrom B, Milgrom P. Multitask Principal – agent Analyses: Incentive Contracts, Asset Ownership, and Job Design [J]. Journal of Law, Economics, & Organization, 1991, 7 (7): 24 – 52.

[306] Lux, T. Herd Behaviro, Bubbles and Crashes [J]. The Economic Journal, 1995, 105 (3): 881 – 896.

[307] Anthon S, Thorsen B. Optimal Afforestation Contracts with Asymmetric Information on Private Environmental Benefits [J]. Natural Resources Management, 2004, 49 (17): 431 – 441.

[308] Motte E, Salles J M, Thomas L. Incentive Policies to Farmers for Conserving Biodiversity in Forested Areas in Developing Countries [OL]. Faculté des sciences économiques, 2002.

[309] Motte E, Salles J M, Thomas L. Information Asymmetry and Incentive Pol-

icies to Farmers for Conserving Biodiversity in Forested Areas in Developing Countries ［R］. Montpellier, 2003.

［310］Jacobs B, Van Der Ploeg F. Guide to Reform of Higher Education: A European Perspective ［J］. Economic Policy, 2006, 21 (47): 535 – 592.

［311］Saam N. Asymmetry in Information Versus Asymmetry in Power: Implicit Assumptions of Agency Theory ［J］. Journal of Socio – Economics, 2007, 36 (6): 825 – 840.

［312］张维迎. 博弈论与信息经济学 ［M］. 上海: 上海三联书店, 上海人民出版社, 2004.

［313］Bardsley P, Burfurd I. Auctioning Contracts for Environmental Services ［J］. The Australian Journal of Agricultural and Resource Economics, 2013, 57 (2): 253 – 272.

［314］Salzman J E. Creating Markets for Ecosystem Services: Notes from the Field ［J］. New York University Law Review, 2005, 80 (6): 870.

［315］周黎安. 晋升博弈中政府官员的激励与合作——兼论我国地方保护主义和重复建设问题长期存在的原因 ［J］. 经济研究, 2004 (6): 33 – 40.

［316］聂辉华, 李金波. 政企合谋与经济发展 ［J］. 经济学季刊, 2006, 6 (1): 75 – 90.

［317］Qian Y, Weingast B R. China's Transition to Markets: Market – Preserving Federalism, Chinese Style ［J］. Journal of Policy Reform, 1996, 1 (2): 149 – 185.

［318］林毅夫, 刘志强. 中国的财政分权与经济增长 ［J］. 北京大学学报 (哲学社会科学版), 2000 (4): 5 – 17.

［319］Jin H, Qian Y, Weingast B R. Regional Decentralization and Fiscal Incentives: Federalism, Chinese Style ［J］. Journal of Public Economics, 2005, 89 (9 – 10): 1719 – 1742.

［320］皮建才. 中国式分权下的地方官员治理研究 ［J］. 经济研究, 2012 (10): 14 – 26.

［321］Derissen S, Quaas M F. Combining Performance – based and Action – based Payments to Provide Environmental Goods under Uncertainty ［J］. Ecological Economics, 2013 (85): 77 – 84.

［322］Blundell R, Bond S. Initial Conditions and Moment Restrictions in Dynamic Panel Data Models ［J］. Journal of Econometrics, 1998, 87（1）: 115 – 143.

［323］Ajzen I, Fishbein M. Attitude – Behavior Relations: A Theoretical Analysis and Review of Empirical Research ［J］. Psychological Bulletin, 1977（84）: 888 – 918.

［324］Ajzen I. The Theory of Planned Behavior ［J］. Organizational Behavior and Hunan Decision Processes, 1991, 50（2）: 179 – 211.

［325］Beedell J D C, Rehman T. Explaining Farmers' Conservation Behaviour: Why do Farmers Behave the Way They Do ［J］. Journal of Environmental Management, 1999, 57（3）: 165 – 176.

［326］Bamberg S, Schmidt P. Incentives, Morality, or Habit? Predicting Students' Car Use for University Routes with the Models of Ajzen ［J］. Environment and Behavior, 2003, 35（2）: 264 – 285.

［327］Kaiser F G, Gutscher H. The Proposition of a General Version of the Theory of Planned Behavior: Predicting Ecological Behavior ［J］. Journal of Applied Social Psychology, 2003, 33（3）: 586 – 603.

［328］Han H, Hsu L T J, Sheu C. Application of the Theory of Planned Behavior to Green Hotel Choice: Testing the Effect of Environmental Friendly Activities ［J］. Tourism Management, 2010, 31（3）: 325 – 334.

［329］陆文聪, 余安. 浙江省农户采用节水灌溉技术意愿及其影响因素 ［J］. 中国科技论坛, 2011（11）: 136 – 142.

［330］朱长宁, 王树进. 西部退耕还林地区农户生态农业认知——基于陕南的实证 ［J］. 农村经济, 2014（9）: 53 – 57.

［331］王瑞梅, 张旭吟, 张希玲, 等. 农户固体废弃物排放行为影响因素研究——基于山东省农户调查的实证 ［J］. 中国农业大学学报（社会科学版）, 2015, 32（1）: 90 – 98.

［332］侯博, 应瑞瑶. 分散农户低碳生产行为决策研究——基于 TPB 和 SEM 的实证分析 ［J］. 农业技术经济, 2015（2）: 4 – 13.

［333］牛晓叶. 企业低碳决策是利益驱使亦或制度使然? ［J］. 中国科技论坛, 2013（7）: 105 – 111.

［334］张毅祥, 王兆华. 基于计划行为理论的节能意愿影响因素——以知识

型员工为例 [J]. 北京理工大学学报 (社会科学版), 2012, 14 (6): 7-13.

[335] 劳可夫, 吴佳. 基于 Ajzen 计划行为理论的绿色消费行为的影响机制 [J]. 财经科学, 2013 (2): 91-100.

[336] 周玲强, 李秋成, 朱琳. 行为效能、人地情感与旅游者环境负责行为意愿: 一个基于计划行为理论的改进模型 [J]. 浙江大学学报 (人文社会科学版), 2014 (2): 88-98.

[337] 胡兵, 傅云新, 熊元斌. 旅游者参与低碳旅游意愿的驱动因素与形成机制: 基于计划行为理论的解释 [J]. 商业经济与管理, 2014 (8): 64-72.

[338] 赵建欣, 张忠根. 基于计划行为理论的农户安全农产品供给机理探析 [J]. 财贸研究, 2007, 18 (6): 40-45.

[339] 曹世雄, 陈莉, 余新晓. 陕北农民对退耕还林的意愿评价 [J]. 应用生态学报, 2009, 20 (2): 426-434.

[340] 柯水发, 赵铁珍. 农户参与退耕还林意愿影响因素实证分析 [J]. 中国土地科学, 2008, 22 (7): 27-33.

[341] 黄瑞芹, 杨云彦. 中国农村居民社会资本的经济回报 [J]. 世界经济文汇, 2008 (6): 53-63.

[342] 姚增福, 郑少锋. 种植大户生产行为意愿影响因素分析——基于 TPB 理论和黑龙江省 378 户微观调查数据 [J]. 农业技术经济, 2010 (8): 27-33.

[343] 魏凤, 于丽卫. 农户宅基地换房意愿影响因素分析——基于天津市宝坻区 8 个乡镇 24 个自然村的调查 [J]. 农业技术经济, 2011 (12): 79-86.

[344] 夏自兰, 王继军, 姚文秀, 等. 水土保持背景下黄土丘陵区农业产业资源系统耦合关系研究——基于农户行为的视角 [J]. 中国生态农业学报, 2012, 20 (3): 369-377.

[345] 王雪梅, 曾蕾. 对伊春林区 "天保" 工程运行状况的分析及建议 [J]. 北京林业大学学报 (社会科学版), 2003, 2 (2): 49-52.

[346] 吴明隆. 结构方程模型——AMOS 的操作与应用 [M]. 重庆: 重庆大学出版社, 2009.